BIM虚拟现实表现

（Lumion 10.0 & Twinmotion 2020）

蔡兰峰 ◎ 著

中国·武汉

内容简介

本书共有9个项目。项目1为BIM虚拟现实表现概述，项目2至项目6主要介绍了Lumion 10.0软件、Lumion 10.0基本场景的创建、Lumion 10.0特效与渲染、Lumion 10.0动画漫游以及Lumion 10.0案例，项目7至项目9主要介绍了Twinmotion 2020软件、Twinmotion 2020基本操作以及Twinmotion 2020案例。

本书从虚拟现实技术整体介绍入手，简要介绍了BIM技术应用中的各种主流虚拟现实表现软件。然后对其中的Lumion 10.0和Twinmotion 2020软件进行了全面的介绍，使BIM技术学习者能够对虚拟现实表现技术从整体到具体的软件操作深入学习的过程中，逐步完成对具体软件的掌握。最后介绍了几个Lumion 10.0和Twinmotion 2020软件创建的虚拟现实场景案例，便于读者更深入地学习这两款软件。在软件介绍方面使用了大量的图片，图文并茂，分类清晰，使软件学习更加容易。

编者在丰富项目实践的基础上，结合主持开展的科研、实践项目，分别对Lumion软件最新发布的10.0版本和Twinmotion最新发布的2020版本进行整体介绍，力争第一时间为读者提供一本最新版本的虚拟现实表现技术的权威图书。本书还提供了一些项目案例成果、视频课件等学习素材，便于读者快速入门。

本书既可作为BIM技术爱好者和BIM项目工程师快速学习Lumion 10.0和Twinmotion 2020软件的教材，也可作为建筑行业的技术人员、管理人员学习、培训BIM虚拟现实软件的参考书。

图书在版编目(CIP)数据

BIM虚拟现实表现：Lumion 10.0 & Twinmotion 2020 / 蔡兰峰著. —武汉：华中科技大学出版社，2020.9 (2023.8重印)
ISBN 978-7-5680-6705-8

Ⅰ.①B… Ⅱ.①蔡… Ⅲ.①数字技术 Ⅳ.①TP391.9

中国版本图书馆CIP数据核字(2020)第195450号

BIM虚拟现实表现(Lumion 10.0 & Twinmotion 2020)
BIM Xuni Xianshi Biaoxian(Lumion 10.0 & Twinmotion 2020)

蔡兰峰　著

策划编辑：康　序
责任编辑：史永霞
封面设计：孢　子
责任监印：朱　玢
出版发行：华中科技大学出版社(中国·武汉)　电话：(027)81321913
武汉市东湖新技术开发区华工科技园　邮编：430223
录　排：武汉三月禾文化传播有限公司
印　刷：湖北新华印务有限公司
开　本：889mm×1194mm　1/16
印　张：12.5
字　数：461千字
版　次：2023年8月第1版第2次印刷
定　价：68.00元

作者简介 Introduction

蔡兰峰

- 甘肃建筑职业技术学院双师型骨干教师
- 云点BIM工作室创始人、甘肃云点建筑科技有限公司联合创始人
- ATC Revit全球认证讲师、高级工程师、注册一级建造师、注册监理工程师
- 甘肃省装配式建筑专家委员会专家（建筑信息化与智能化）
- 甘肃省房屋建筑与市政基础设施工程评标专家
- 历年担任全国各类BIM大赛、甘肃省BIM技术应用大赛、甘肃建投集团BIM大赛专家评委

【擅长领域】

熟悉多种主流BIM技术应用软件、参数化建模、平面设计、动画、漫游、渲染、施工模拟、BIM4D、建筑装饰、施工技术及项目管理。

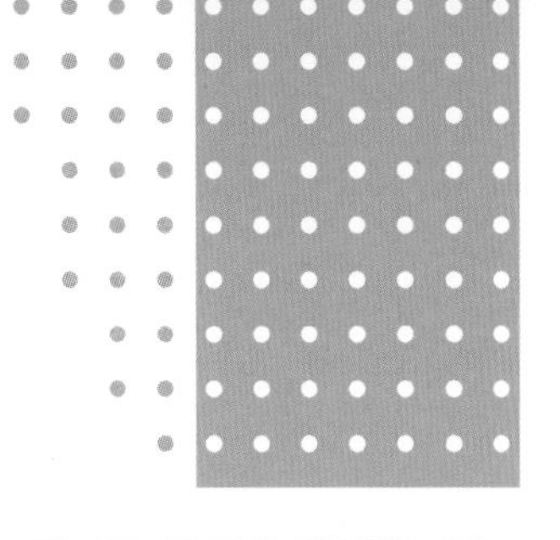

FOREWORD
前言

进入 21 世纪，中国以前所未有的速度快速发展，建筑业也进入了信息量大、系统性强、综合性要求高的全新阶段，传统的设计、建造与管理模式已无法胜任这种变化，信息技术的运用成为改变建筑行业传统思维模式的必然趋势。BIM 技术作为一项全新的信息技术，是建筑工程信息化建设的一个新阶段，它提供了一种全新的生产方式，为项目各参与方提供协同工作的平台，使生产效率得以提升、项目质量有效控制、项目成本大大降低、工程周期得以缩减，尤其在解决复杂形体、绿色建筑、管线综合、智能加工等难点问题方面显现了不可替代的作用。为此，BIM 技术被认为是继 CAD 技术之后建筑业的第二次科技革命。

近年来，我国政府密集出台了各种 BIM 方面的政策、标准和办法，各行业协会，设计、施工、科研院所等单位也掀起了一股应用 BIM 技术、学习 BIM 技术的热潮。

本书是在我积累的 BIM 技术实战应用成果和 BIM 技术人才培养经验的基础上所做的一次大胆尝试。本书编制的初衷就是为广大 BIM 技术学习者、爱好者提供一本接地气的、务实的 BIM 技术启蒙教材，让读者能迅速选择合适的 BIM 技术类软件并达到入门级的 BIM 技术应用能力。

本书共有 9 个项目。项目 1 为 BIM 虚拟现实表现概述，项目 2 至项目 6 主要介绍了 Lumion 10.0 软件、Lumion 10.0 基本场景的创建、Lumion 10.0 特效与渲染、Lumion 10.0 动画漫游以及 Lumion 10.0 案例，项目 7 至项目 9 主要介绍了 Twinmotion 2020 软件、Twinmotion 2020 基本操作以及 Twinmotion 2020 案例。在编写过程中我得到了社会各界专家、学者的关注和大力支持，在此一并感谢。

本书可以作为 BIM 技术相关培训用书，还可作为建筑行业的技术人员、管理人员学习 BIM 技术的参考书，也可作为大中专院校建筑类各专业及相关专业学习 BIM 技术的入门级基础教材。

限于编者的水平，书中难免有疏漏和不足之处，恳请读者批评指正。

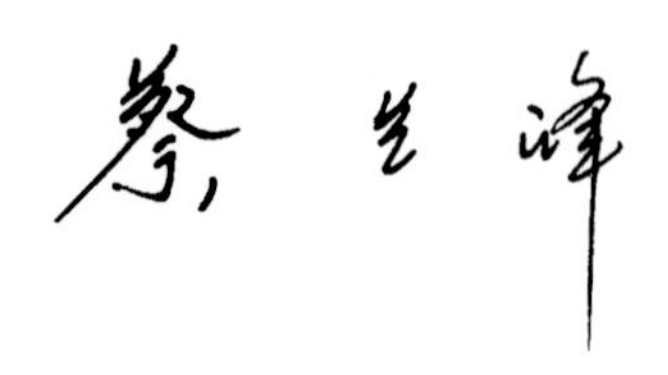

CONTENTS

项目 1 BIM虚拟现实表现概述

任务 1　BIM 技术概述

BIM(building information modeling)即建筑信息模型,是以建筑工程项目的各项相关信息数据作为模型的基础,进行建筑模型的建立,通过数字信息仿真模拟建筑物所具有的真实信息。

美国的国家 BIM 标准对 BIM 的定义为:BIM 是建设项目兼具物理特性与功能特性的数字化模型,而且是从建设项目的最初概念设计开始的整个生命周期里做出决策的可靠共享信息资源。

我国发布的《建筑信息模型应用统一标准》(GB/T 51212—2016)中对建筑信息模型的定义为:“在建设工程及设施全生命期内,对其物理和功能特性进行数字化表达,并依此设计、施工、运营的过程和结果的总称。简称模型。”

关于 BIM 的定义还有很多,也各有不同,但是对 BIM 技术的理解都包含了以下几点:

· BIM 是以三维数字技术作为模型的基础,集成了建筑工程项目各种相关信息的工程数据模型,是对工程项目设施实体和功能特性的数字化表达。

· BIM 是一个完善的信息模型,能够连接建筑项目生命周期不同阶段的数据、过程和资源,是对工程对象的完整描述,提供可自动计算、查询、组合拆分的实时工程数据,可被项目各参与方普遍使用。

· BIM 具有单一工程数据源,可解决分布式、异构工程数据之间的一致性和全局共享问题,支持建设项目生命周期中动态的工程信息创建、管理和共享,是项目实时的共享数据平台。

要理解 BIM,需要阐述如下几个关键理念:

· BIM 不等同于三维模型,也不仅仅是三维模型和建筑信息的简单叠加。虽然 BIM 称为建筑信息模型,但 BIM 实质上更关注的并不是模型,而是蕴含在模型中的建筑信息,以及如何在不同的项目阶段由不同的人来应用这些信息。三维模型只是 BIM 比较直观的一种表达方式。

· BIM 不是一个具体的软件,而是一种流程和技术。BIM 的实现需要依赖多种软件产品的相互协作。有些软件适用于创建 BIM 模型(如 Revit),而有些软件适用于对模型进行性能分析(如 Ecotect)或者施工模拟(如 Navisworks、Fuzor、Lumion 等),还有一些软件可以在 BIM 模型基础上进行造价概算或者设施维护,等等。一种软件不可能完成所有工作,关键是所有软件都应该能够依据 BIM 的理念进行数据交流,以支持 BIM 流程的实现。

· BIM 不仅是一种设计工具,更明确地说,BIM 不是一种画图工具,而是一种先进的项目管理理念。BIM 的目标是在整个建筑项目周期内整合各方信息,优化方案,减少错误,降低成本,最终提高建筑物的可持续性。尽管 BIM 软件也能输出图纸,并且熟练的 BIM 用户可以达到比 CAD 方式更高的出图效率,但“提高出图速度”并不是 BIM 的出发点。

· BIM 不仅是一个工具的升级,更是整个行业流程的一次革命。BIM 的应用不仅会改变设计院的内部工作模式，也将改变业主、设计方、施工方之间的工作模式。在 BIM 技术支撑下，设计方能够对建筑的性能有更多掌控，而业主和施工方也可以更多、更早地参与到项目的设计流程中，以确保多方协作创建更好的设计，满足业主的需求。

综上所述，BIM 是整合整个建筑信息的三维数字化的新技术，是支持工程信息管理的最强大的工具之一。

从理念上说，BIM 试图将建筑项目的所有信息纳入一个三维的数字化模型中，但这个模型不是静态的，而是随着建筑生命周期的不断发展而逐步演进的，从前期方案到详细设计、施工图设计、建造和运营维护等各个阶段的信息都可以不断集成到模型中，因此可以说 BIM 模型就是真实建筑物在计算机中的数字化记录。

从技术上说，BIM 不像传统的 CAD 那样，将建筑信息存储在相互独立的成百上千的 DWG 文件中，而是用一个模型文件来存储所有的建筑信息。当需要出现建筑信息时，无论是建筑的平面图、剖面图还是门窗明细表，这些图形或报表都是从模型文件实时动态生成的，可以理解成数据库的一个视图。因此，无论在模型中进行任何修改，所有相关的视图都会实时动态更新，从而保持所有数据一致，从根本上消除 CAD 图形修改时因版本不一致造成错误的现象。

BIM 技术作为一项新的信息技术，已在业界得到了普遍的认可，被认为是继 CAD 技术之后建筑业的第二次科技革命。

传统的项目管理模式下的信息交叉如图 1-1 所示，BIM 技术在工程建设中的价值如图 1-2 所示。

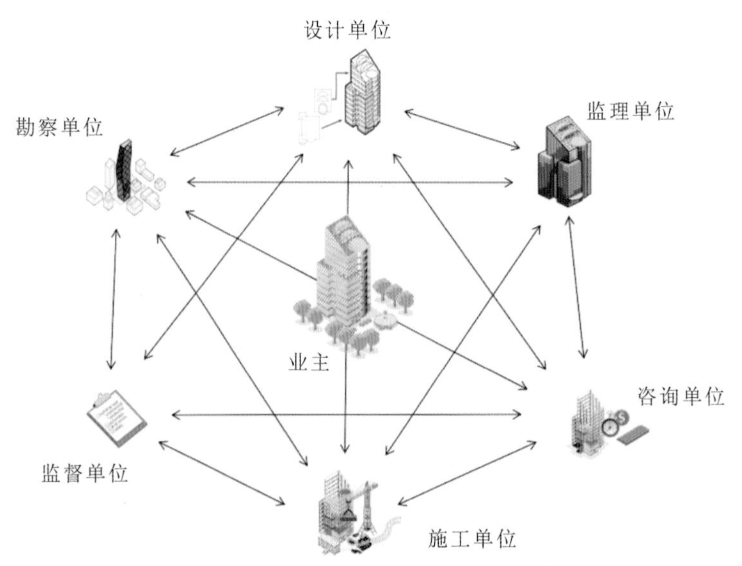

图 1-1　传统的项目管理模式下的信息交叉

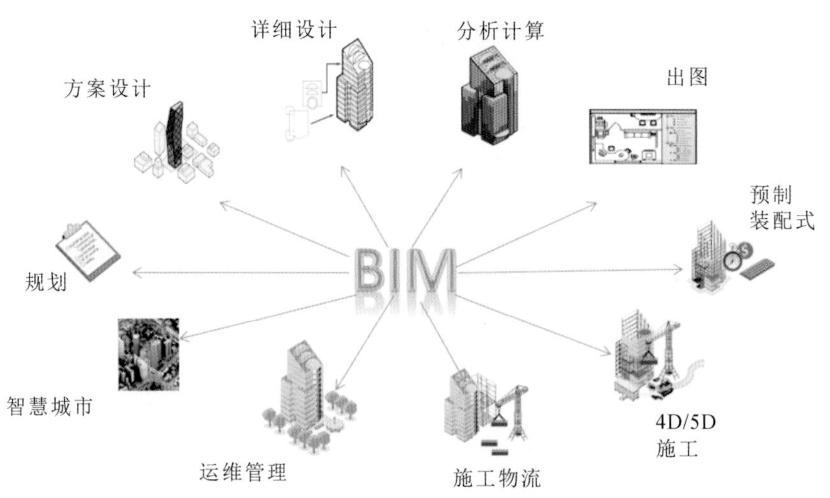

图 1-2　BIM 技术在工程建设中的价值

1. BIM 技术的特点

1）可视化

BIM 技术可以利用信息模型，展现工程项目的三维实体图形，实现设计、建造和运维等各个阶段的过程可视，方便进行方案的比选、优化和实施。

甘肃建筑职业技术学院实训大楼项目的 Revit 建筑模型如图 1-3 所示。

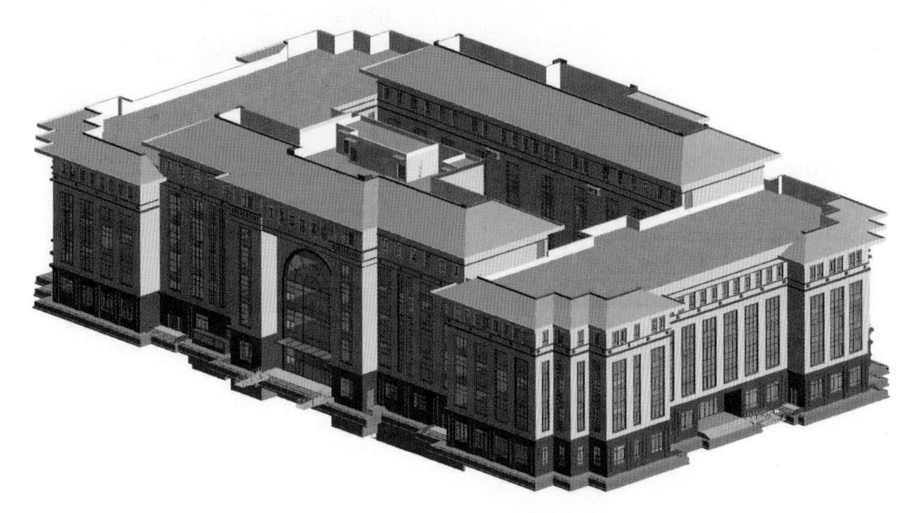

图 1-3　甘肃建筑职业技术学院实训大楼项目的 Revit 建筑模型

除了可以展示静态的可视效果以外，BIM 模型还可以实现项目的虚拟施工、设备可操作、碰撞检查等诸多的可视化。

2）信息化

建筑信息模型的核心是信息，即只有将相关信息记录在三维模型上，这种模型才是真正的信息模型，这是信息模型和数字模型的最根本区别。

图 1-4 所示为窗的信息，图 1-5 所示为外墙信息。

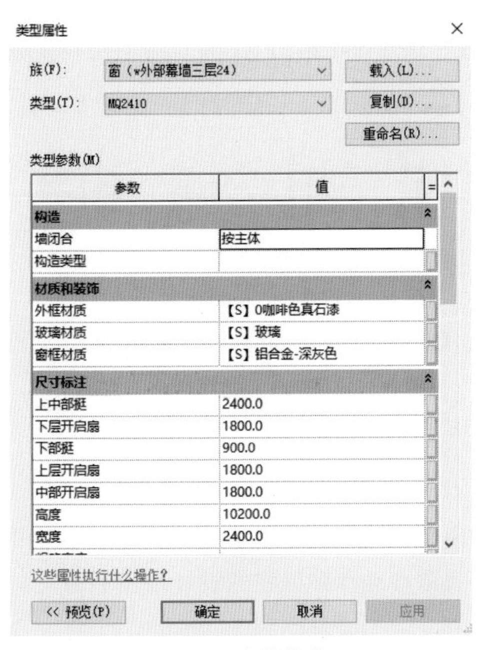

图 1-4　窗的信息

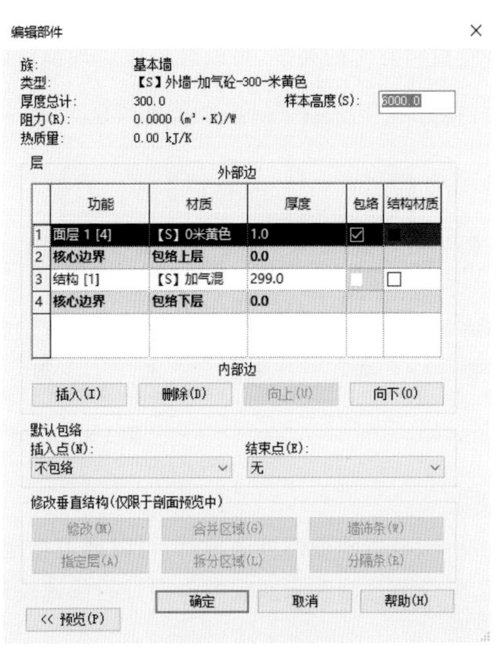

图 1-5　外墙信息

3）参数化

参数化建模指的是通过参数化（变量）而不是数字建立和分析模型，简单地改变模型中的参数值就能建立和分析新的模型。

在 BIM 设计中，项目模型将和数据库紧密关联，模型中的任何信息将通过数值精确体现。设计也不仅仅是绘图的过程，而是可以通过修改相关的参数值来实现图纸的自动更新。

图 1-6 所示为布管参数，图 1-7 所示为幕墙参数。

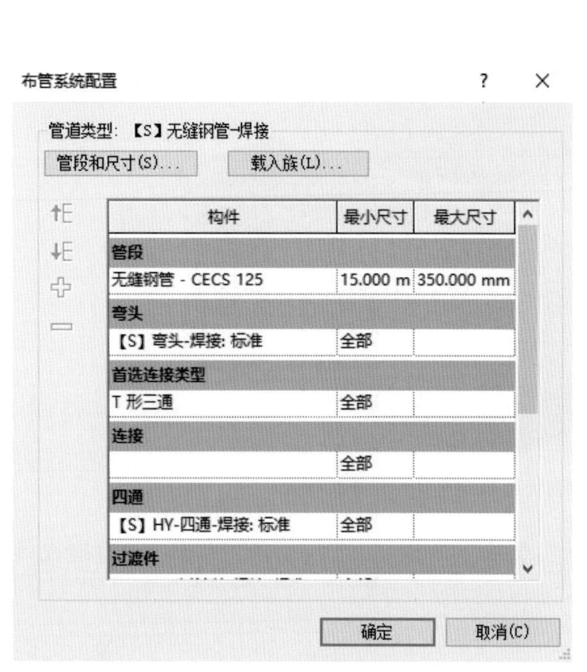

图 1-6　布管参数

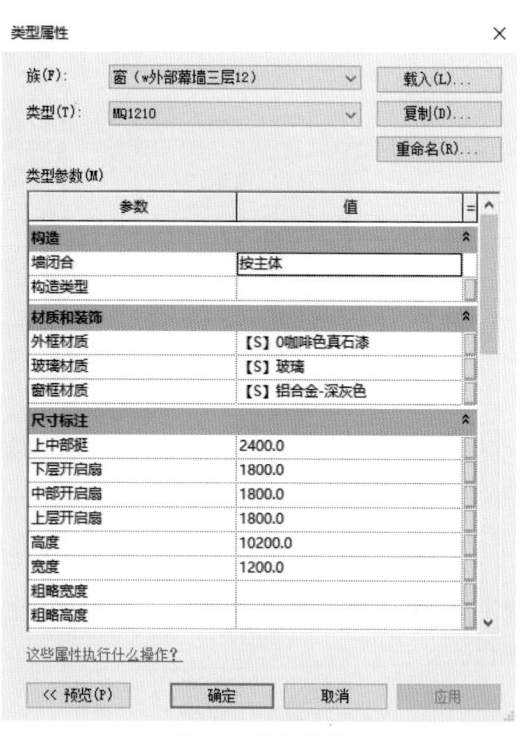

图 1-7　幕墙参数

4）标准化

所谓的标准化设计，就是将相关的设计规范和出图要求等集成到 BIM 项目的模板和族库当中，而各个专业通过项目模板和族库的共享，可以轻松地实现设计的一致性。图 1-8 所示为 Revit 自带的门拉手族库。

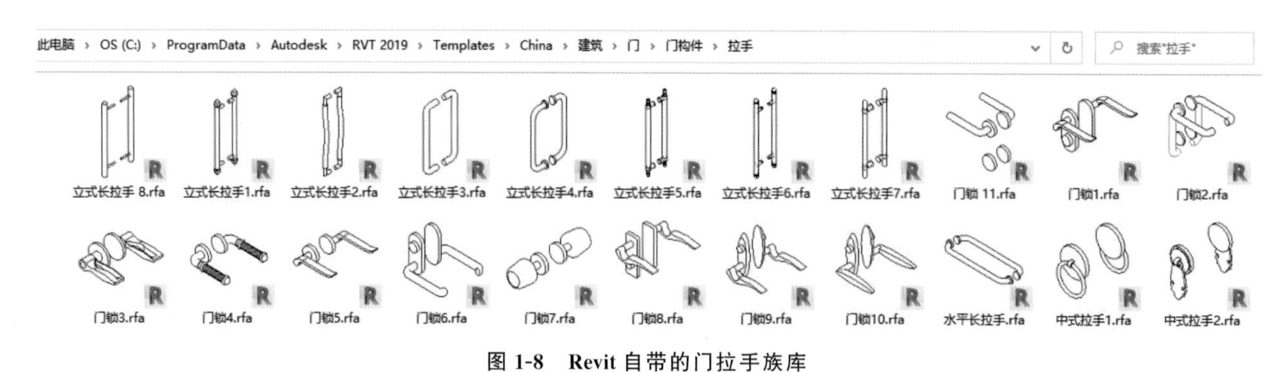

图 1-8　Revit 自带的门拉手族库

5）模块化

模块化设计，是指同种类型的项目，可以通过指定项目模块来实现项目经验的传承。项目模块中包括以往的设计方式，可以通过修改来实现类似项目的快速设计，并最大限度地保障以往的设计经验不丢失。

6）优化性

BIM 技术不但可以对设计方案进行优化设计，如管道综合（见图 1-9）、碰撞检查、净空分析等，还可以对施工方案、进度计划等进行优化，以避免或减少设计或施工方案的缺陷。

图 1-9　管道综合优化 BIM 模型与实体对比实例

7）协同性

传统设计中的专业提资（提供后续设计需要的资料）要求主要是靠口头沟通和图纸实现的，因为每个专业均需向多个不同的专业提资，难免会出现疏漏和错误，而 BIM 的数据共享平台则严格保障了专业间提资的一致性，同时网络的发展也使得专业提资日趋实时化，这大大提高了专业沟通的效率和准确度，降低了沟通成本。

图 1-10 所示为基于 BIM 技术的土建与机电模型的协同设计。

图 1-10　基于 BIM 技术的土建与机电模型的协同设计

8）模拟性

在建设项目的不同阶段，均能使用 BIM 技术的模拟性来解决问题。在规划设计阶段，可以利用 BIM 技术进行日照分析、节能分析、暖通负荷分析等。在施工阶段可以进行“三维模型＋进度控制”的 4D 模拟、“三维模型＋进度控制＋造价控制”的 5D 模拟、施工工艺模拟等。在运营维护阶段还可以进行紧急状态下的人员疏散模拟、运维状态模拟等。

图 1-11 所示为利用 BIM 模型进行施工进度模拟。

图 1-11 利用 BIM 模型进行施工进度模拟

9）可出图性

BIM 模型通过协调、模拟、优化后，以三维模型为基础生成符合要求的成果，这种成果可以以传统的二维图纸的方式进行输出，不但可以一键输出为平面图、立面图、剖面图、节点详图，还可以以任意想要的方式出图。

图 1-12 所示为甘肃建筑职业技术学院实训大楼项目 CAD 图。

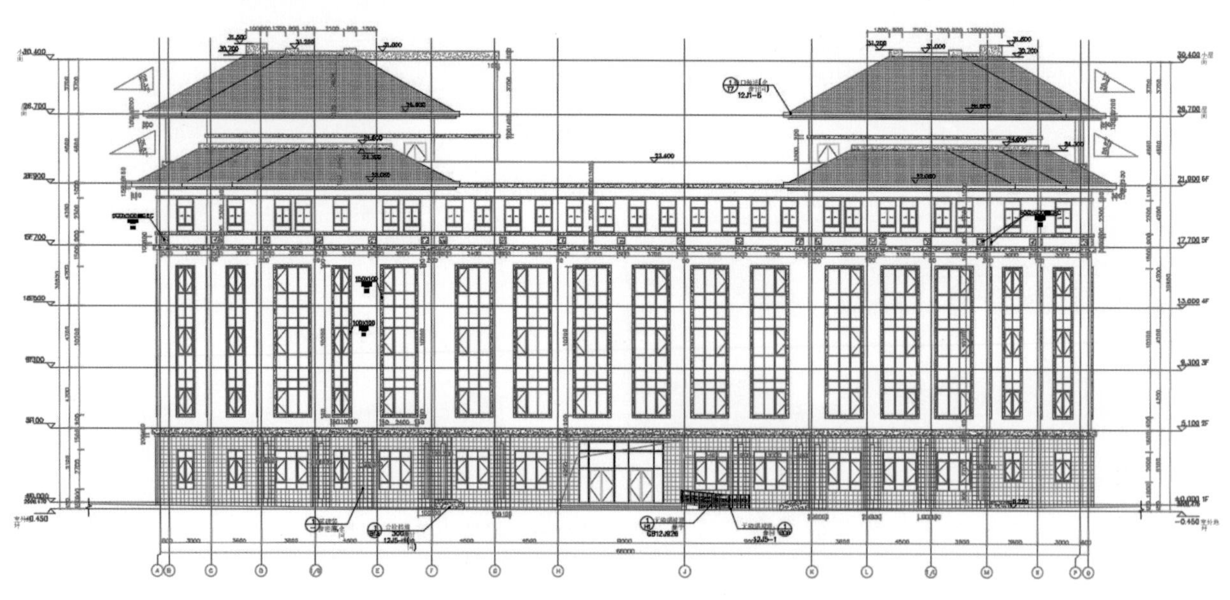

图 1-12 甘肃建筑职业技术学院实训大楼项目 CAD 图

10）精确工程量统计

BIM 模型中包含的所有工程信息，都可以通过软件自动统计。这既减轻了工程师的负担，也可以较为精确地估计出材料和设备的数量和成本。

图 1-13 所示为甘肃建筑职业技术学院实训大楼项目 Revit 模型自动统计生成门窗统计表。

A	B	C	D	E
设计编号	洞口宽度(mm)	洞口高度(mm)	数量	备注
BYC0610	600	1000	2	井道百叶窗
BYC2210	2200	1000	1	井道百叶窗
BYC2710	2700	1000	2	井道百叶窗
BYC4010	4000	1000	1	井道百叶窗
C1220	1200	2000	6	隔热铝合金型材多腔密封(6mm中透光Low-E+12空气+6mm透明)外窗
C1223	1200	2300	182	隔热铝合金型材多腔密封(6mm中透光Low-E+12空气+6mm透明)外窗
C1227	1200	2700	11	隔热铝合金型材多腔密封(6mm中透光Low-E+12空气+6mm透明)外窗
C1512	1500	1200	2	隔热铝合金型材多腔密封(6mm中透光Low-E+12空气+6mm透明)外窗,窗台高120
C2409	2400	900	79	铝合金内高窗,窗台1800
C2420	2400	2000	10	隔热铝合金型材多腔密封(6mm中透光Low-E+12空气+6mm透明)外窗
C2427	2400	2700	38	隔热铝合金型材多腔密封(6mm中透光Low-E+12空气+6mm透明)外窗
MQ1210	1200	10200	18	隔热铝合金型材多腔密封(6mm中透光Low-E+12空气+6mm透明)幕墙
MQ1213	1200	13500	2	隔热铝合金型材多腔密封(6mm中透光Low-E+12空气+6mm透明)幕墙
MQ1214	1200	14400	8	隔热铝合金型材多腔密封(6mm中透光Low-E+12空气+6mm透明)幕墙
MQ2410	2400	10200	38	隔热铝合金型材多腔密封(6mm中透光Low-E+12空气+6mm透明)幕墙
MQ2413	2400	13500	16	隔热铝合金型材多腔密封(6mm中透光Low-E+12空气+6mm透明)幕墙
MQ2414	2400	14400	16	隔热铝合金型材多腔密封(6mm中透光Low-E+12空气+6mm透明)幕墙
MQ2493	2400	9300	6	隔热铝合金型材多腔密封(6mm中透光Low-E+12空气+6mm透明)幕墙

图 1-13　甘肃建筑职业技术学院实训大楼项目 Revit 模型自动统计生成门窗统计表

2. BIM 技术应用的价值

为了更好地理解 BIM 的价值,可以参看图 1-14,它是由 HOK 公司的 Patrick McLearny 先生创建的,因此被称为 McLearny 曲线。

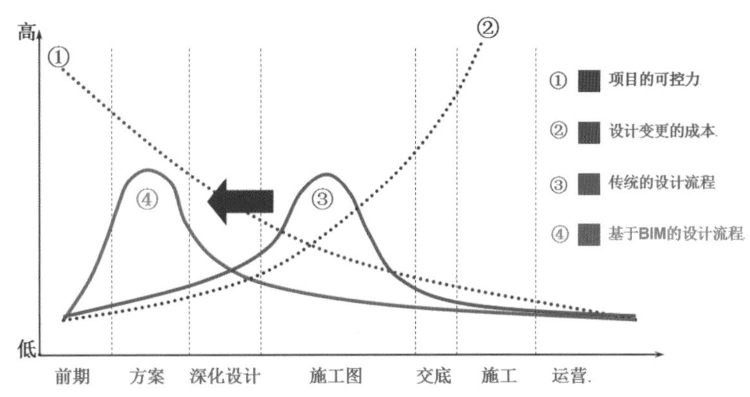

图 1-14　McLearny 曲线——项目不同阶段 BIM 的影响力曲线

可以看到,随着项目的推进,设计师对项目的可控力(曲线①)愈加降低,而设计变更的成本(曲线②)愈加增大。传统设计流程(曲线③)中,设计把大部分的时间精力都花在施工图阶段,但这时已经错过了优化项目的最佳时期。因此,理想的设计流程(曲线④)应当允许设计师把大部分精力放在方案和深化设计阶段,同时减少在枯燥的施工图阶段的时间投入。BIM 的应用正是为了达到这一目的,提高设计师对建筑项目的可控能力,帮助设计师创建性能更好、成本更低的成果。

BIM 的作用是使工程项目信息在规划、设计、施工和运营维护全过程充分共享、无损传递,使工程技术和管理人员能够对各种建筑信息做出高效、正确的理解和应对,为多方参与的协同工作提供坚实基础,并为建设项目从决策到拆除的全生命周期各参与方的决策提供可靠依据。

(1) BIM 技术让决策更科学。

在可行性研究阶段,业主需要确定方案在满足类型、质量、功能等要求下是否具有技术与经济可行性,对此,BIM 技术可提供有力帮助。同时,BIM 技术对建设项目方案进行分析、模拟,从而为整个项目的建设降低成本、缩短工期并提高决策质量。

(2) BIM 技术让设计更绿色。

在二维图纸时代,各个设备专业的管道综合是一件烦琐、费时的工作,做得不好会经常引起施工中的反复变更。而 BIM 将整个设计整合到一个共享的建筑信息模型中,建筑与结构、结构与设备、设备与设备之间的冲突会直观地显现出来,通过 BIM 技术进行三维碰撞检测,能及时发现并调整设计,从而极大地避免了施工中的浪费。此外，BIM 技术使得设计修改更容易。只要对项目做出更改，由此产生的所有结果都会在整个项目中自动协调，各个视图中的平、立、剖面图自动修改，不会出现平、立、剖面图不一致的错误。BIM 技术使建筑、结构、给排水、空调、电气等各个专业基于同一个模型进行工作，从而使真正意义上的三维集成协同设计成为可能。

(3) BIM 技术让建造更高效。

在施工阶段，BIM 可以同步提供施工模拟，并且提供有关施工进度以及成本信息。它可以方便地提供工程量清单、概预算、各阶段材料准备等施工过程中需要的信息，甚至可以帮助人们实现建筑构件的直接无纸化加工建造，实现整个施工周期的可视化模拟与可视化管理。施工人员可以迅速为业主制定展示场地施工情况或更新调整情况的规划，从而和业主进行沟通，将施工过程对业主的运营和施工人员的影响降到最低。BIM 还能提高文档质量，改善施工规划，从而节省施工中在过程与管理问题上投入的时间与资金。

(4) BIM 技术让运维更智慧。

对于公共建筑和重要设施而言，设施运营和维护方面耗费的成本相当高。BIM 的特点是，能够提供关于建筑项目的协调一致、可计算的信息。因此，该信息非常值得共享和重复使用。这样，在建筑生命周期中的时间较长、成本较高的维护和运营阶段使用数字建筑信息，业主和运营商便可降低由于缺乏互操作性而导致的成本损失。目前，BIM 在设施维护汇总的应用案例并不是很多，尚未得到有效挖掘。但是我们相信，在运营维护阶段 BIM 的需求非常大，尤其是在公共设施、文物保护等工程中的应用将非常有价值。

在可见的未来，BIM 技术必将成为推动建筑工业化生产、装配式建筑、钢结构工程高效快速发展的驱动力。

任务2 虚拟现实技术简介

虚拟现实表现技术是 BIM 技术的一项非常重要应用。利用各种软件创建的虚拟现实场景，还可以通过 VR、AR 等外接设备，让用户对项目有全方位、真实的沉浸式体验。

通过对 VR、AR 等技术的应用，可以采用更为自然的人机交互手段控制作品的形式，塑造出更具沉浸感的环境和现实情况下不能实现的体验。VR 技术创造了一个全新的虚拟世界，用户将完全沉浸于一个虚拟的合成世界中，无法看到所处的现实世界。如我们观看的 5D 电影，就是通过 VR 眼镜、动感座椅及其他设备为用户提供的一个虚幻空间环境。

VR 技术在 BIM 工程应用中对场景信息的直观展示提供了强有力的支持。如图 1-15 所示，使用 Revit 等软件在计算机上建立含有丰富信息的 BIM，提供让用户漫游的场景，通过模型文件格式的转换，生成 VR 产品，为用户呈现较为真实的实体样式，提供具有空间感、临场感的直观体验。用户要检查某处的管线碰撞情况，或是需查看某个空间的建筑构件信息，只需利用手中的游戏杆或键盘选择和变换自己在 VR 提供的 BIM 三维空间内的观看位置，即可清楚地观察碰撞位置，或是点选设备观以看信息。

图 1-15 VR 技术应用于安全管理体验

一、VR 技术

VR(virtual reality)即虚拟现实,是由美国 VPL Research 公司创始人拉尼尔(Jaron Lanier)在 20 世纪 80 年代初提出的,也称灵境技术或人工环境。VR 是通过计算机仿真系统创建和生成的一种模拟环境,让多源信息的交互式三维动态视景与实体行为的系统仿真融合。用户使用 VR 设备(见图 1-16)即可沉浸到该环境中。用户通过 VR 头显[常见的有 VR 眼镜(见图 1-17)、VR 盒子等]来对虚拟环境进行体验。VR 头显利用头戴式显示设备将人对外界的视觉、听觉封闭,引导用户产生一种身在虚拟环境中的感觉。

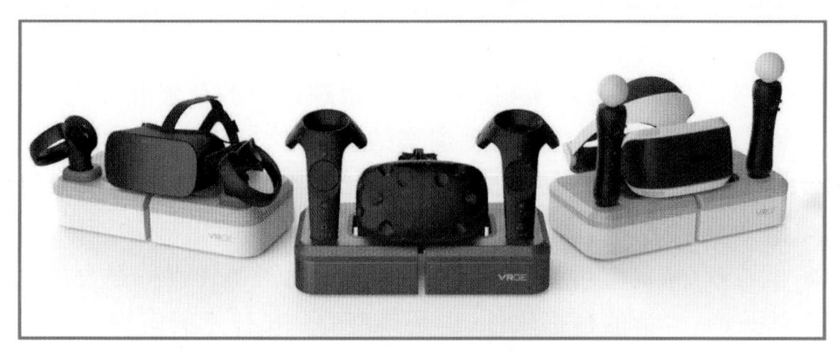

图 1-16　VR 设备

图 1-17　VR 眼镜

在 VR 系统中,双目立体视觉起了很大作用。用户的两只眼睛看到的不同图像是分别产生的,显示在不同的显示器上。有的系统采用单个显示器,但用户戴上特殊的眼镜后,一只眼睛只能看到奇数帧图像,另一只眼睛只能看到偶数帧图像,奇、偶帧之间的不同(也就是视差)就产生了立体感。

1. 头盔

用户(头、眼)的跟踪:在人造环境中,每个物体相对于系统的坐标系都有一个位置与姿态,而用户也是如此。用户看到的景象是由用户的位置和头(眼)的方向来确定的。

跟踪头部运动的虚拟现实头套:在传统的计算机图形技术中,视场的改变是通过鼠标或键盘来实现的,用户的视觉系统和运动感知系统是分离的;而利用头部跟踪设备来改变图像的视角,用户的视觉系统和运动感知系统之间就可以联系起来,感觉更逼真,而且,用户不仅可以通过双目立体视觉去认识环境,而且可以通过头部的运动去观察环境。

在用户与计算机的交互中,键盘和鼠标是目前最常用的工具,但对于三维空间来说,它们都不太适合。在三维空间中因为有六个自由度,我们很难找出比较直观的办法把鼠标的平面运动映射成三维空间的任意运动。现在,已经有一些设备可以提供六个自由度,如 3Space 数字化仪和 Space Ball 空间球等。

还有一些性能比较优异的设备,如数据手套和数据衣。

2. 声音

人能够很好地判定声源的方向。在水平方向上,我们靠声音的相位差及强度的差别来确定声音的方向,因为声音到达两只耳朵的时间或距离有所不同。常见的立体声效果就是靠左右耳听到在不同位置录制的不同声音来实现的,所以会有一种方向感。现实生活里,当头部转动时,听到的声音的方向就会改变。但目前在 VR 系统中,声音的方向与用户头部的运动无关。

3. 感觉反馈

在一个 VR 系统中,用户可以看到一个虚拟的杯子。用户可以设法去抓住它,但是用户的手没有真正接触杯子的感觉,并有可能穿过虚拟杯子的“表面”,而这在现实生活中是不可能的。解决这一问题的常用方法是在手套内层安装一些可以振动的触点来模拟触觉。

4. 语音

在 VR 系统中，语音的输入输出也很重要。这就要求虚拟环境能听懂人的语音，并能与人实时交互。而让计算机识别人的语音是相当困难的，因为语音信号和自然语言信号有其“多边性”和复杂性。例如，连续语音中词与词之间没有明显的停顿，同一词、同一字的发音受前后词、字的影响，不仅不同人说同一词会有所不同，就是同一人发音也会受到心理、生理和环境的影响而有所不同。

使用人的自然语言作为计算机输入目前有两个问题：首先是效率问题，为便于计算机理解，输入的语音可能会相当啰嗦；其次是正确性问题，计算机理解语音的方法是对比匹配，而没有人的智能。

二、AR 技术

近年来，在虚拟现实的基础上又发展出增强现实（或称混合现实）技术，通过跟踪用户的位置和姿态，把计算机生成的虚拟物体或其他信息准确地叠加到真实场景的指定位置，实现虚实结合、实时互动的新体验。

AR（augmented reality）技术即增强现实技术，是实时地计算摄影机影像的位置及角度并加上相应图像的技术，这种技术的目标是在屏幕上把虚拟世界套在现实世界并进行互动。不论是战斗机的衍射屏显、家用轿车上的 HUD 抬头显示，还是风靡全球的任天堂掌机游戏《精灵宝可梦》、电影《钢铁侠》（见图 1-18）等，都大量使用 AR 技术。在手机 APP 中给自拍者影像添加各种头饰、表情的自拍软件，也是典型的 AR 技术的应用。

图 1-18　电影《钢铁侠》中应用 AR 技术场景

AR 技术强调虚实结合，让用户看到真实世界的同时也能看到叠加在真实世界的虚拟对象。它是一种将真实世界信息和虚拟世界信息“无缝”集成的新技术，是把原本在现实世界的一定时间空间范围内很难体验到的实体信息（视觉信息、声音、味道、触觉等）通过计算机等科学技术，模拟仿真后再叠加，将虚拟的信息应用到真实世界，被人类感官所感知，从而达到超越现实的感官体验。真实世界的环境和虚拟的物体实时地叠加到同一个画面或空间，同时存在。AR 投射的内容多种多样，不仅可以是图形、符号，也可以是文字和表格信息。

AR 在建筑行业也有广泛的应用空间，当拿着平板电脑在建筑物里扫描，可以看到柱中的钢筋结构信息或机房内各设备的运行情况。当然，这都离不开 BIM 中的信息为 AR 程序的编写提供有力的支持。

如今工程建设行业逐渐朝着 BIM 数字化信息管理的方向发展，需要有更为直观的视觉化平台来有效地使用这些信息。AR 是将相应的数字信息植入虚拟现实世界界面的技术，将有力地填补这一可视化管理平台的缺失。使用智能手机或平板电脑与 AR 软件，用户可以从多个角度实时查看真实环境中的 3D 模型。通过 AR 技术增强 BIM 可以为整个建筑行业的关键参与者提供更大的可视化能力。

BIM 技术方面就可以利用 AR、VR 技术为建筑领域的使用者提供丰富的沉浸式体验。基本做法：首先利用 Revit 等软件进行场景的 BIM 建模，然后应用 Lumion、Fuzor 等软件对场景进行虚拟现实的模拟，最后使用 VR、AR 技术来实现沉浸式的体验。

由此可见，VR 与 AR 是应用理念不同的两种技术：VR 追求的是给用户以“身临其境”的沉浸感，置身于虚拟现实当中；而 AR 追求的是为用户提供以现实场景为基础配合多元化信息显示，不遮挡用户视线，即在现实中出现虚拟内容。

三、MR 技术

混合现实（mix reality，简称 MR），既包括增强现实，又包括增强虚拟，指的是合并现实和虚拟世界而产生的新的可视化环境。MR 是由 Intel 在 2016 年旧金山 IDF16 开发者大会上首次推出的，会上 Intel 亮出了多项新技术（坊间有时也称之为“黑科技”），包括 MR 融合现实、视觉智能、创科模块等。目前，MR 技术只是一种概念而已，现在的技术水平还不能真正实现这项技术。

MR 是虚拟现实技术的进一步发展，该技术通过在虚拟环境中引入现实场景信息，在虚拟世界、现实世界和用户之间搭起一个交互反馈的信息回路，以增强用户体验的真实感。在新的可视化环境里物理和数字对象共存，并实时互动。

MR 通常具有三个特点：第一，它结合了虚拟和现实；第二，在虚拟中三维展示；第三，实时运行。

用户可以戴着 MR 设备进行摩托车设计，现实世界中可能真的有一些组件在那里，也可能没有；还可以在客厅玩游戏，客厅就是游戏里的地图，同时又有一些虚拟的元素融进来。总之，MR 设备给用户的是一个混沌的世界。

MR 技术更有想象空间，它将物理世界实时并且彻底比特化了，同时又包含了 VR 和 AR 设备的功能。

图 1-19 所示是混合现实体验的场景。

图 1-19　混合现实体验的场景

（1）MR 与 VR、AR 有什么区别？

VR 是纯虚拟场景，人们看到的一切都是假象，即看到的场景和人物全是假象，它把人的视觉和意识带入一个虚拟的世界。本质上，虚拟现实是一种可以创建和体验虚拟世界的计算机仿真系统，要体验 VR，需要佩戴头盔之类的设备，VR 设备的代表是 Oculus 公司推出的 Rift 产品，这款产品是很多游戏玩家的最爱。

AR 是真实世界和数字化信息的融合，它把虚拟的信息带入现实世界中。人们看到的场景和人物一部分是真的，一部分是假的，能区分虚拟物体和真实物体。AR 增强现实的目标是在屏幕上把虚拟世界套在现实世界并进行互动，一般都要通过手机或 Pad。简单地说，AR 视频就是使用手机或 Pad 识别一张图片，可以看到视频。

MR 是合并现实和虚拟世界而产生的新的可视化环境，虚拟物体和真实物体很难被区分。在新的可视化环境里，物体和数字对象共存，并实时互动。

(2)虚拟现实的重要意义：

虚拟现实技术是发展到一定水平的计算机技术与思维科学相结合的产物，它的出现为人类认识世界开辟了一条新途径。

虚拟现实技术拥有实时三维空间表现能力、人机交互式的操作环境，能给人带来身临其境的感受，故广泛应用于军事和航天领域的模拟和训练中。

近年来，随着计算机硬件软件技术的发展，人们越来越认识到虚拟现实技术的重要作用，虚拟现实技术在各行各业都得到了不同程度的发展，并且越来越显示出广阔的应用前景。虚拟战场、虚拟城市，甚至“数字地球”，无一不是虚拟现实技术的应用。虚拟现实技术将使众多传统行业和产业发生革命性的改变。

我们将重点介绍如何利用虚拟现实表现的专业软件来创造需要的虚拟场景。创建虚拟现实场景就需要借助各种软件来实现。在建筑相关行业中主要用 3ds Max、SketchUp、AutoCAD、Revit 等软件创建建筑基本模型，再用动画漫游渲染软件进行虚拟场景的创建、表现和渲染，这类软件中常用的主要有 Lumion、Twinmotion、Enscape、V-Ray 等。

任务 3　3D 打印技术

3D 打印(three-dimensional printing)，也称增材制造，是快速成型技术的一种。它是一种以三维数字模型文件为基础，运用高能束源或其他方式，将液体、熔融体、粉末、丝、片、板、块等特殊材料进行逐层堆积黏结，最终叠加成型，直接构造出物体的技术。其工作流程如图 1-20 所示。

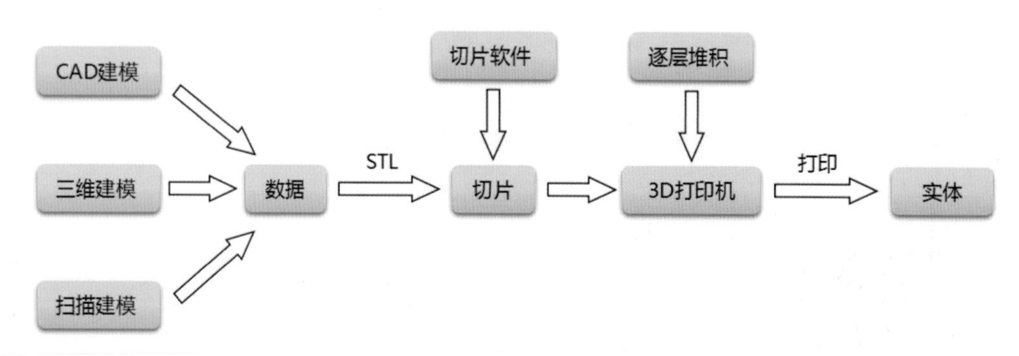

图 1-20　3D 打印工作流程

3D 打印机是实现增材制造技术的一种设备，它以数字模型文件(STL 格式为主流)为基础，运用特殊蜡材、粉末状金属或塑料等可黏合材料，通过打印一层层地黏合材料来制造三维的物体，也就是说，只需把数据和原料放进 3D 打印机中，机器会按照程序把产品一层层造出来。

1. 3D 打印与 BIM 技术的关系

BIM 技术是将工程项目在建筑全生命周期中各个不同阶段的工程信息、过程和资源集成在一个模型中，直观、便捷地提供给工程各参与方使用的技术。而 3D 打印技术则是增材制造，是快速成型技术的一种，用于依据用户要求以模型数据为基础生产三维实体。前者注重的是建立在虚拟模型上的仿真和管理，后者则偏重于数据转换为实际产品。在建筑工程应用上，前者负责设计、规划和管理，后者则是负责具体项目实施的重要组成部分。

采用 3D 打印技术制作的建筑模型如图 1-21 所示。

图 1-21 采用 3D 打印技术制作的建筑模型

2. 3D 打印与 BIM 技术的结合

随着我国建筑业对 BIM 技术的积极推广和应用，3D 打印在建筑行业中的应用潜力日益显现，BIM 技术提供信息模型，3D 打印技术实现数据模型向建筑构件的完美转换，对建筑行业生产力的推动意义深远。

在应用层面，3D 打印技术非常适合于大批量建筑构件的生产，同时也兼顾个性化定制，客户可以根据自身喜好提出要求，设计师只需按需求进行二次开发与设计，即在模型上调整方案，建筑产品就能在极大程度上满足客户的个人需求。而越来越多的建筑师也能按照自己的意愿放心设计独具匠心、造型奇异的建筑，而不必担心会造成过高的成本，这些也得益于 3D 打印技术大大降低了施工难度。同时，采用 3D 打印技术制作的建筑模型，也解决了传统实体模型比例失真等问题，可以给客户提供更为直观、准确的参考。更为重要的是，3D 打印技术能提供绿色环保的施工过程，建筑构件模块是在工厂中本着“物以致用”的原则加工成型的，生产过程中几乎不产生废料，而施工现场要做的仅仅是对成品模块进行拼接、组装、搭建，大大降低了施工过程中产生的噪声与环境污染以及材料浪费。除此之外，建筑构件的 3D 打印原材料可以取材于建筑垃圾，实现了建筑垃圾的循环再利用。建筑构件采用 3D 打印的模块化生产理念，在保证质量的前提下，使得施工阶段的组装等工序大为简化，从而减少了人工，缩短了工期，建筑成本得以降低。

3D 打印技术在与 BIM 技术结合应用于建筑行业的过程中，也会遇到一些比较现实的问题，比如打印大型建筑构件就需要体型更巨大、价格更高昂的 3D 打印设备，还有当前可以提供给 3D 打印建筑构件的材料品种也较为单一，寻找质量轻巧又结实耐用且价格低廉的打印材料也是业内人士的当务之急。相信随着技术的不断发展，这些问题都会一一解决，使 3D 打印技术在建筑行业发挥更加重要的作用。

3D 打印技术的应用如图 1-22 和图 1-23 所示。

图 1-22　采用 3D 打印技术建造的房屋

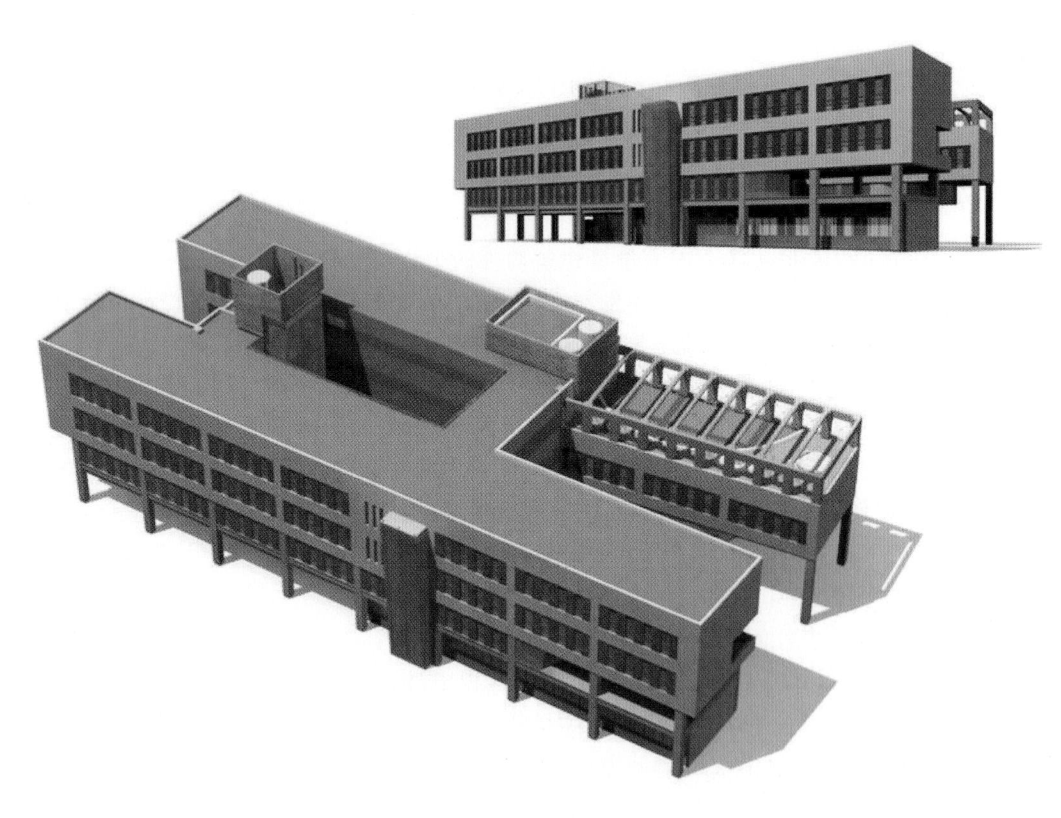

图 1-23　3D 打印数据建模

任务 4 虚拟现实引擎

国内的虚拟现实引擎已经非常成熟，通用的仿真软件包括 VRP、Quest 3D、DVS 3D 等。

VRP 虚拟现实平台(英文全称为 Virtual Reality Platform，简称 VR-Platform 或 VRP)是一款由深圳市中视典数字科技有限公司独立研发的，具有完全自主知识产权的虚拟现实软件，也是目前国内市场占有率最高的一款虚拟现实软件。

使用 Quest 3D，无论想创建一个软件程序、网页或模拟分析，它都能提供完整的解决方案，并完美适用于建筑设计、产品可视化、数字传媒、计算机辅助培训、高端虚拟现实应用程序等领域。

Quest 3D 拥有独特的视觉效果展示，支持在一个方案中创建快速迭代。除此之外，Quest 3D 在工作上还带来了更多的利益，其中最为重要的是它的通道系统定义，我们完全不用担心计算错误。Quest 3D 强大的编辑器可以计算出精准的数据结果。

DVS 3D 是国内虚拟现实企业上海曼恒数字技术股份有限公司自主研发的一款虚拟现实软件平台，根据高端制造业的通用性需求进行开发，是行业内首个集设计、虚拟和仿真于一体的三维软件平台。

DVS 3D 与 Pro/ENGINEER、CATIA 等三维建模程序相结合，实时获取三维模型数据，并对其进行设计调整、展示及虚拟装配。该平台结合硬件环境实现多通道的主被动立体显示，兼容 VRPN 和 Tracked 标准接口，实现虚拟外设的交互操作。该平台主要有模型信息库模块、模型展示模块、基于物理引擎的装配训练模块、GPU 加速渲染模块、Web 服务模块等。

DVS 3D 广泛应用于高端制造业，在产品设计阶段辅助方案评审，为产品的装配训练和培训提供数字化虚拟方式，能降低成本、提高效率。

任务 5 常用的虚拟现实表现软件

1. Lumion

Lumion(见图 1-24)是一款实时的 3D 可视化工具软件，主要用于制作电影和静帧作品，涉及建筑、规划和设计等诸多领域。这款软件的最大优点就在于人们能够快速地在计算机上直接创建和预览虚拟现实场景。

图 1-24 Lumion 标志

Lumion 支持使用 SketchUp、Revit、3ds Max 和其他许多软件创建的三维模型。Lumion 软件本身包含了一个庞大而丰富的 3D 模型和材质库，包括建筑、汽车、人物、动物、街道、街饰、地表、石头等数百种材质，这让场景非常丰富，满足了虚拟现实的视频、图片制作需要。Lumion 还内置了植物、人与动物、电影特效、特殊效果、环境和天气，以及灯光插件等诸多要素。通过使用快如闪电的 GPU 渲染技术，能够实时编辑 3D 场景，Lumion 使用内置的视频编辑器，能够创建非常有吸引力的视频。

应该说 Lumion 是一款不可多得的、非常容易上手的虚拟现实软件。

Lumion 软件界面如图 1-25 所示。

图 1-25　Lumion 10.0 软件界面

2. Twinmotion

Twinmotion(见图 1-26)是一款专为建筑需求而设计的工具集,可以作为 Revit 软件的插件使用,非常方便灵活。该软件适用于设计、可视化和建筑交流等领域,使用它可以在几分钟内就为某项目创建高清图像、高清视频。安装单机版,可以随时导出项目文件为.exe 文件,该文件可以作为交互 3D 模型被客户端访问。Twinmotion 是一款与 ArchiCAD 和 Autodesk Revit 一键同步的可视化渲染软件。

图 1-26　Twinmotion 标志

Twinmotion 结合了时下最强大的实时技术和专为建筑设计而准备的各种各样的工具。在 Twinmotion 中,图像的精度和质量完全达到了现实级的水准,同时 Twinmotion 提供了时下流行的工具,例如全局光照明、HDR 等。该软件开发出了能够使当前显卡更加高效、多核心处理器表现更加精彩的技术,可以进行 GPU+CPU 优化渲染。

Twinmotion 是一款完全实时的解决方案,它具有很多建模工具,使用这些工具可以应对各种复杂的建筑结构。Twinmotion 能够实时地显示动态阴影系统,即使是最精确、最复杂的阴影,而没有计算限制。它内嵌时钟和地理坐标功能,还有雾效、景深、水环境及真实的植被效果。只需一键点击,整个 3D 模型、所有建筑物体的 BIM 信息和项目的组织排序会在分秒之间同步到 Twinmotion 中。模型中的植物、人物、车辆、材质等会自动转换为 Twinmotion 资源库内的对应模型。Twinmotion 中的模型会同时根据天气和四季做出智能的变化。Twinmotion 提供了预设的 3D 形状,以应对建筑和制造业上的主流设计应用程序。

使用 Twinmotion 渲染的各种效果图如图 1-27 至图 1-30 所示。

图 1-27　使用 Twinmotion 渲染的大厅背景墙效果图

图 1-28　使用 Twinmotion 渲染的大厅效果图

图 1-29　使用 Twinmotion 渲染的篮球馆效果图

图 1-30　使用 Twinmotion 渲染的台球室效果图

3. Enscape

Enscape 是一款非常优秀的渲染器,中文名称为"昂视",原产地为德国。最早应用在 Revit,后来兼容到 SketchUp、Rhino 等平台。由于 Enscape 渲染器有操作简捷与出图快速等特点,为广大设计师及 SketchUp 爱好者所喜欢。

Enscape 是专门为建筑、规划、景观及室内设计师打造的渲染产品,它支持 Revit、SketchUp 和 Rhino 三个设计师常用的设计软件平台。用户无须导入导出文件,在常用的软件内部即可看到逼真的渲染效果;用户无须了解记忆各种参数的用法,一切都是一键渲染,设计师可以把精力更多地投入设计中去;用户无须坐在那里一次次地等待渲染结果,一切都是实时的,普通场景只要几秒就能见到照片级的渲染结果。

与传统渲染插件的一个巨大不同点是,Enscape 没有特别的针对材质的参数调整,只要材质名字中出现某种特定的单词,系统就会赋予该种材质参数和属性。自动渲染,让用户省掉了大量的调整材质的时间。

Enscape 的操作很简单,可调控的东西也简化了很多。比较突出的特点就是一键白模模式和描边模式,减少了很多以前我们需要做的烦琐步骤。

图 1-31 至图 1-35 所示为 Enscape 渲染效果图。

图 1-31 超现实表现技法模拟

图 1-32 乡村建筑环境表现

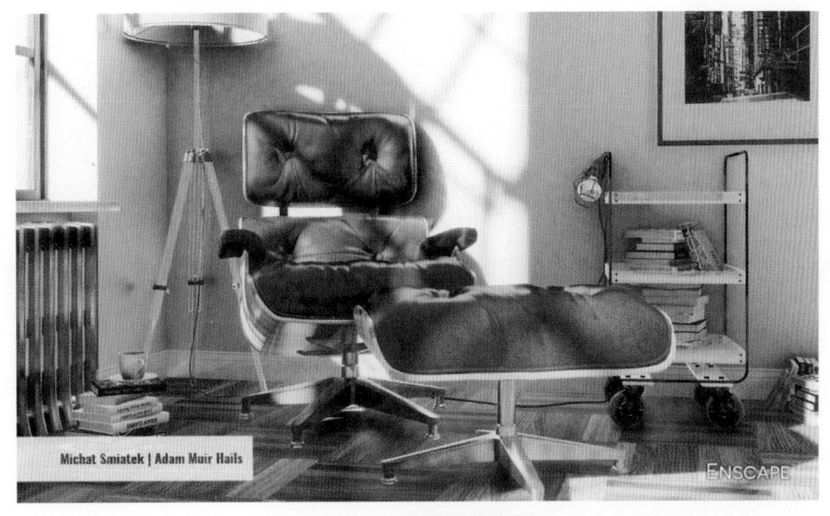

图 1-33　材质质感表现

图 1-34　室内设计渲染

图 1-35　室内空间表现

目前用 Enscape 渲染器主要做效果图,有些用户可能会做一些动画视频。

Enscape 渲染器主要的特点:

(1) BIM 与 VR 同步,魅力挡不住。SketchUp 设计修改与 Enscape 渲染器虚拟同步进行,BIM 自动加载,实现 BIM 与 VR 的同步实时渲染。

(2) 共享虚拟体验。Enscape 渲染器不但可以与 SketchUp 同步运行,实时反馈设计更新,而且还可以把虚拟漫游三维场景换成一个可执行文件(.exe),送给他人,让他人一起分享虚拟漫游体验。

(3) 支持 Oculus 头盔虚拟体验。利用 Enscape 渲染器可以一键进入 Oculus 头盔,在逼真的虚拟建筑场景中畅游。

(4) 光能势力图效果。可以对建筑光照进行辅助分析。

(5) 输出全景图。Enscape 渲染器可以一键渲染全景图或分屏合影图,渲染好的内容可以随时通过浏览器查看,或一键上传到云端并生成一个二维码,通过手机扫码立即就能使用手机的浏览器看到全景效果了。

(6) 小地图。按下 M 键,可以开启小地图,这对于室内、规划等场景来说非常有用,可以随时了解在平面上的位置。

可以看到,Enscape 渲染器的功能主要偏向未来趋势与实用方面。

4. V-Ray

V-Ray(见图 1-36)是 Chaos Group 出品的一款高级渲染插件产品,拥有全局照明和光线跟踪等功能,并能与 3ds Max、Revit、Fuzor 等软件完美对接。V-Ray 渲染插件,可以在 3ds Max、Revit 等软件中随时渲染出各种视角、各种截面的效果图,大大简化了工作流程,节省了人力资源、物资成本,降低了流程管理难度,是不可多得的 BIM 实战超现实渲染软件。

图 1-36 V-Ray 标志

V-Ray 是一款非常优秀的渲染插件,除了能够渲染出真实的效果以外,还能渲染出超现实的视频及图片,是无可争议的渲染利器。

1) V-Ray for 3ds Max

V-Ray for 3ds Max 是利用 3ds Max 软件建模渲染制作效果图时最为主流的渲染器。渲染器面板主要包括帧缓存器、全局设置、全局照明 GI、光照贴图、灯光缓存、图像采样(抗锯齿)及内部细分参数卷展栏,如图 1-37 所示。

利用 V-Ray for 3ds Max 渲染的各种效果图如图 1-38 至图 1-41 所示。

+ VRay:: Authorization
+ About VRay
+ VRay:: Frame buffer
+ VRay:: Global switches
+ VRay:: Image sampler (Antialiasing)
+ VRay:: Indirect illumination (GI)
+ VRay:: Irradiance map
+ VRay:: Light cache
+ VRay:: Global photon map
+ VRay:: Quasi-Monte Carlo GI
+ VRay:: Caustics
+ VRay:: Environment
+ VRay:: G-Buffer/Color mapping
+ VRay:: Camera
+ VRay:: QMC Sampler
+ VRay:: Default displacement
+ VRay:: System

图 1-37 V-Ray for 3ds Max 渲染器面板

图 1-38 利用 V-Ray for 3ds Max 渲染的卧室效果图

图 1-39　利用 V-Ray for 3ds Max 渲染的宾馆大厅效果图

图 1-40　利用 V-Ray for 3ds Max 渲染的宾馆标准间效果图

图 1-41　利用 V-Ray for 3ds Max 渲染的宾馆套房效果图

2）V-Ray for Revit

V-Ray for Revit 是基于 Revit 平台开发的渲染插件引擎，主要包括 11 个渲染工具(见图 1-42)，其基本功能介绍如下：

Current View：点击该按钮，可以打开三维视图的窗口，可以在其中指定一个三维视图作为渲染时使用的场景。

Render With V-Ray：开始渲染按钮，点击下拉小三角还可选择交互式渲染和导出当前场景选项。

图 1-42　V-Ray for Revit 渲染器面板

Show/Hide Frame Buffer：帧缓存窗口显示开关，可以查看和调整渲染图像、管理渲染模式、保存渲染效果，进行网络渲染设置等。

Quality：Draft：图像质量，给用户提供了一个下拉菜单，包含 5 个选项，可以对渲染图像的质量进行快速设置，包括 Draft(草图)、Low(低质量)、Medium(中质量)、High(高质量)和 Very high(最好质量)等 5 种模式。

Resolution：分辨率，点击该按钮会打开分辨率设置窗口，在这里设置渲染时图像的尺寸。

Artificial Lights：人造光开关。

V-Ray Sun：V-Ray 提供的阳光系统，V-Ray Sun 包括 V-Ray 阳光、穹顶灯和无灯，分别模拟太阳光、天空光和环境光的效果。

Material Browser：材质设置，可以设置场景中的各种材质。

Exposure Value：曝光值，根据滑块所处的不同位置，提供不同场景的曝光值。

Settings：设置，可以设置渲染器的各种渲染参数及功能。

Online Help：在线帮助，可以为正版授权用户提供在线帮助服务。

任务6　其他相关软件

1. Fuzor

Fuzor（见图 1-43）是一款将 BIMVR 技术与 4D 施工模拟技术深度结合的综合性平台级软件，它能够使 BIM 瞬间转化成带数据的生动 BIMVR 场景，让所有项目参与方都能在这个场景中进行深度的信息互动。

图 1-43　Fuzor 标志

Fuzor 的 Live Link 是 Fuzor 和 Revit、ArchiCAD 之间建立的一座沟通桥梁，此功能使两个软件可以双向实时同步两者的变化，再也无须为了得到一个良好的可视化效果而在几个软件中导来导去。

Fuzor 软件是基于自有的 3D 游戏引擎开发的，模型承受量、展示效果、数据支持都是为 BIM 量身定做的，支持 BIM 的实时渲染、实时 VR 体验。

Fuzor 支持基于云端服务器的多人协同工作，无论在局域网内部还是在互联网中，项目参与各方都可以通过 Fuzor 搭建的私有云服务器来进行问题追踪、3D 实时协同交流。

Fuzor 能够通过简单高效的进度模拟方式来为用户创建丰富的 4D 进度管理场景，用户可以基于 Fuzor 平台来完成各种工程类型的施工模拟项目。

Fuzor 有强大的移动端支持功能，可以让大于 5GB 的 BIM 在移动设备里流畅展示。用户可以在移动端设备里自由浏览、批注、测量、查看 BIM 参数，查看 4D 施工模拟进度等。

Fuzor 可以把文件打包为一个 EXE 的可执行文件，供其他没有安装 Fuzor 的人员像玩游戏一样审阅模型，同时他们还可以对 BIM 成果进行标注，甚至可以进行 VR 体验。

Fuzor 软件可以从 Revit、ArchiCAD、Navisworks、SketchUp、Rhino、3ds Max 等软件中同步项目模型，还可以将常用的进度计划 Project 文件（XLM 格式文件）导入 Fuzor 软件中，或者直接在 Fuzor 中创建进度计划。如果设计更改了，Fuzor Construction 软件可以快速匹配更改的内容，而无须重新指定关联对象。如果在 Fuzor Construction 中修改了进度计划，可以导出对应的进度计划文件，然后再将该文件导回到进度计划软件中，这样可以使进度计划在不同软件中保持完整一致。

Fuzor Construction 拥有强大的多条件选择过滤器，可以选择任意对象，它还提供了丰富的工程车辆库，可以创建实际建造的动画场景，并进行安全分析、净高分析、安全防护模拟等。Fuzor 引入了 2D、3D 对照系统，同步显示 2D 和 3D 实时模拟，同步看到进度计划的实施模拟过程，这让交付变得异常简单。

利用 Fuzor 模拟的各种效果图如图 1-44 至图 1-48 所示。

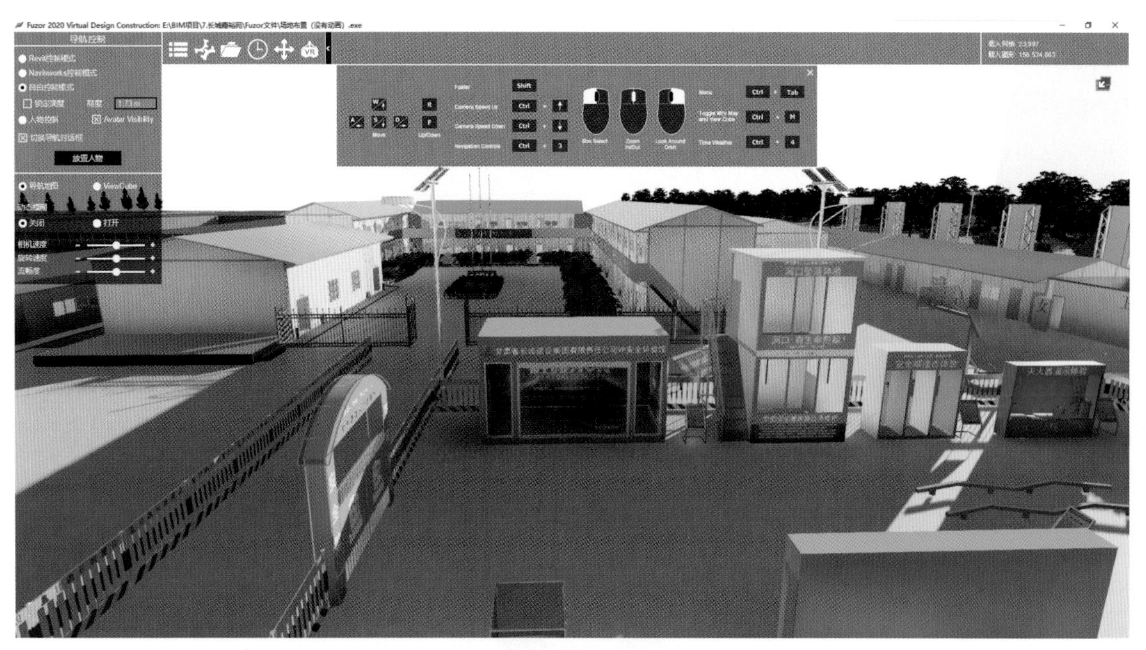

图 1-44　利用 Fuzor 2020 软件对导入的 Revit 模型进行渲染与模拟

图 1-45　利用 Fuzor 2020 软件模拟的施工场地钢筋加工区

图 1-46　利用 Fuzor 2020 软件模拟的文明施工区

图 1-47　利用 Fuzor 2020 软件模拟的施工场地安全防护栏杆

图 1-48　利用 Fuzor 2020 软件模拟的施工场地安全体验馆

2. Navisworks

Navisworks(见图 1-49)是 Autodesk 公司的一款支持所有项目相关方可靠地整合、分享和审阅详图的三维模型设计软件,在建筑信息模型(BIM)工作流程中处于核心地位。Navisworks 软件可以将 AutoCAD、Revit、Civil 3D、CATIA、SketchUp、Rhino 等工程建设行业主流软件整合到 Navisworks 软件中,通过对模型的整合,可以最大限度地发挥模型的作用,将不同专业、不同平台搭建的模型进行整合,可以查看模型的整体效果和模型之间的信息状态。

图 1-49　Navisworks 标志

Navisworks 是一款 3D/4D 协助设计检查视图工具软件,针对建筑、工厂和航运业中的项目生命周期,能提高质量和生产力。Navisworks 可以进行可视化和仿真,分析多种格式的三维设计模型。Navisworks 软件是一个用于综合项目查看解决方案的软件,可用于分析、模拟、交流设计意图和可施工性。

Navisworks 的核心功能主要有轻量化模型整合平台、实时漫游功能、审阅批注功能、碰撞检查、渲染模型、人机动画和施工模拟。

Navisworks 软件能够加强对项目的控制，使用现有的三维设计数据来透彻了解并预测项目的性能，即使在最复杂的项目中也可提高工作效率，保证工程质量。Navisworks 软件包括系列款产品：Navisworks Manage 软件是设计和施工管理专业人员使用的一款全面审阅解决方案，用于保证项目顺利进行，能将精确的错误查找和冲突管理功能与动态的四维项目进度仿真和照片级可视化功能完美结合；Navisworks Simulate 软件能够精确地再现设计意图，制订准确的四维施工进度表，超前实现施工项目的可视化；Navisworks Review 软件支持实现整个项目的实时可视化，审阅各种格式的文件，而无须考虑文件大小；Navisworks Freedom 软件是免费的 NWD 文件与三维 DWF 格式文件的浏览器。

利用 Navisworks 制作的动画漫游效果如图 1-50 所示。

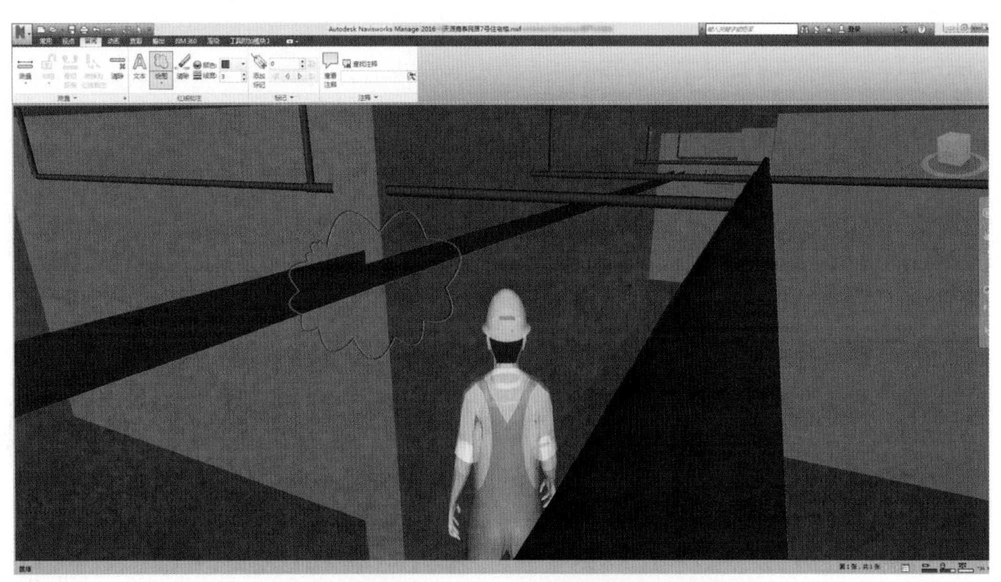

图 1-50　利用 Navisworks 制作的动画漫游效果

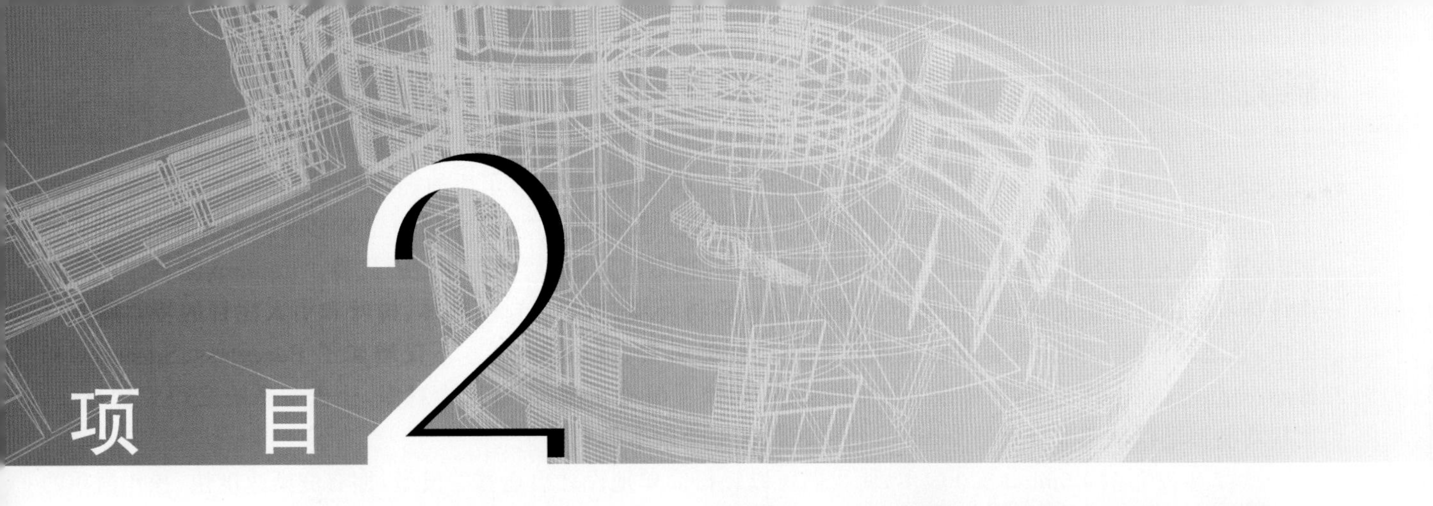

Lumion 10.0软件介绍

任务1 Lumion 简介

Lumion 是由荷兰 Act-3D 公司通过 Quest 3D 软件平台开发的新一代三维可视化设计软件，主要用于制作电影和静帧作品，Lumion 已经逐渐成为建筑、规划和景观设计等诸多领域设计师们进行三维场景渲染的第一选择。Lumion 所见即所得的表现模式、丰富的素材、便捷的操作方式以及极快的运算模式为方案表达提供了极强的表现力和视觉冲击力。Lumion 采用图形化操作界面，完美兼容了 Google SketchUp 、3ds Max 等多种软件的 DAE、FBX、MAX、3DS、OBJ、DXF 格式，同时支持 TGA、DDS、PSD、JPG、BMP、HDR 和 PNG 等格式图像的导入。

Lumion 内置大量动植物素材，通过素材添加以及对真实光线和云雾环境的模拟，在极短时间内能创造出不同凡响的视觉效果。

Lumion 可以将场景输出为 AVI(MJPEG)、MP4(AVC)、BMP、JPG 等格式的视频或视频序列，也可以输出各种尺寸的静帧图。在未来的版本中还可以输出具有交互能力的场景包，为设计表达提供多种不同的表现形式。

这款软件的最大优点就在于人们能够快速地在计算机上直接创建和预览虚拟现实场景。

Act-3D 公司于 2010 年 11 月首次发布 Lumion，2011 年 6 月发布了 Lumion SP2，增加了植物插件、人和动物插件、电影效果插件、特殊效果插件及环境和天气插件。

植物插件：包含许多新的厂房及 Lumion 树的模型。

人和动物插件：含有大量的三维模型，增加了各类素材的轮廓剪影和广告牌。

电影效果插件：添加了几个重要的 Lumion 电影的效果，如景深、镜头眩光、锐化及“油画风格”。

特殊效果插件：可以自由添加诸如水、火、烟和雾等特殊效果到 Lumion 的场景中。

环境和天气插件：包含一个天气模式和真实的海洋功能。

Lumion 3D 在 2011 年 11 月左右推出灯光。

2011 年 12 月，Act-3D 公司推出了升级版 Lumion 2.0。升级后 Lumion 2.0 提供简易快捷的室内照明、夜间场景和动画工具，还引入了对动画路径曲线的支持，可导入 AutoDesk DWG、DXF 和 Revit 文件。Act-3D 还为其增加了家具、飘扬的旗帜和新的交通工具等 330 多个新对象，明显增加了后期处理效果(如天气和艺术绘画效果等)。

2012 年 11 月，Lumion 3.0 面世，新功能包括：修正了反射功能，采用全新的 SKY 天空渲染及全局光室内照明系统，增加了新的材质库、众多的可视化特效，更简便高效的智能编辑器，修正了动画制作功能界面等。

2013 年 12 月，Lumion 4.0 正式发布，它支持直接导入 SketchUp 文件，扩展了模型库——新增了数百样对象，增加或改进了文字与标题特效、草坪特效、镜头光晕、相机特效、喷泉特效、落叶特效、动态模糊和海洋特效，可更好地模拟真实的太阳光和阴影。

2014 年 10 月，Lumion 5.0 发布，其主要亮点在于商业表现效果有了质的提高和改变。

2015 年发布的 Lumion 6.0 又对软件做了升级优化。Lumion 6.0 是专门为建筑师提供的一款 3D 可视化软件，能帮助他们轻松设计出逼真的建筑和景观模型，拥有渲染迅速、操作方便的优势。Lumion 能够快速把三维计算机辅助设计生成视频并在线 360°演示，还可以将环境、材料、灯光、物体、树叶和引人注目的特效融入设计中，总之软件的工作流程非常符合现代建筑设计的需要。Lumion 6.0 不仅增加了 Pureglass、Speedray 和 Hyperlight 这三个新功能，还加强了材质的质感，加快了渲染速度，丰富了素材库，让天空系统变得更加真实，这些功能都足以证明改进后的 Lumion 比以往任何一个版本都要强大。

2017 年发布的 Lumion 8.0 版本，使我们可以轻松简单地设计出逼真的模型，拥有渲染速度快、操作简单的特点，并支持从 SketchUp 以及 Autodesk 等产品中导入模型。Lumion 8.0 新增或更新了如下功能：

➢ 渲染和场景创建时间降低到几分钟。

➢ 支持从 Autodesk 产品和其他 3D 软件包中导入 3D 内容。

➢ 增加了 3D 模型和材质。

➢ 通过使用快如闪电的 GPU 渲染技术，能够实时编辑 3D 场景。

➢ 使用内置的视频编辑器，创建非常有吸引力的视频。

➢ 输出 HD MP4 文件，支持立体视频，可打印高分辨率图像。

➢ 在特效上，Lumion 8.0 除去原来的各种视觉特效，增加了能在影片中加入各种图文内容特效，SKP 文件也能直接支持了。

➢ 支持以 MP4 等格式输出。

➢ 拥有全新的 360 度全景渲染，并支持云端同步。

➢ 支持格式导入 SKP、DAE、FBX、MAX、3DS、OBJ、DXF；支持导出 TGA、DDS、PSD、JPG、BMP、HDR 和 PNG 图像。

2018 年 11 月，Lumion 9.0 正式发布。

此次更新是在 Lumion 8.0 的基础上进行的场景优化和细节添加，有从大场景优势逐渐逼近小场景真实环境创造的气势。内容库中的 5259 个物体，从室内设计到室外，从森林到海滩，再到密集的城市场景，包罗万象。

2019 年 11 月，又发布了 Lumion 10.0，其宣传页如图 2-1 所示。

图 2-1 Lumion 10.0 宣传页

任务 2 Lumion 10.0 新增功能介绍

Lumion 10.0 在 Lumion 9.0 的基础上有以下更新及优化：

1. 更新的实时预览

之前 Lumion 版本的预览效果跟最终渲染的样子相距甚远，究其原因，主要是天光、超光此类特效无法在预览里面显示出来；现在 Lumion 10.0 通过预渲染可以得到与最终效果几乎一样的预览小样，即真正做到了“所见即所得”。

Lumion 10.0 拍摄窗口如图 2-2 所示。

图 2-2　Lumion 10.0 拍摄窗口

2. 新增高细节植物模型

Lumion 官方库里新增了 62 棵高细节的植物模型。这个其实主要是为了在动画里营造植物叶子随风摇曳的感觉。从外部导入的 FBX 植物虽然很真实，但是不能摇曳。

Lumion 10.0 树叶材质细节表现如图 2-3 所示。

图 2-3　Lumion 10.0 树叶材质细节表现

3. 新增材质置换贴图功能

置换贴图（材质深度图）能够以平面变立体的方式快速地表现模型材质的更多细节，而不需要建立非常细致的模型。可以说，置换贴图的加入，使 Lumion 10.0 更加完善了，极大地提升了各种材质的质感与模型细节。

Lumion 10.0 沙滩材质细节表现如图 2-4 所示。

图 2-4 Lumion 10.0 沙滩材质细节表现

4. 夜晚真实天空与极光效果

Lumion 9.0 有真实天空，不过并没有繁星点点的夜景真实天空，Lumion 10.0 补齐了这一空缺，还加入了极光特效。

Lumion 10.0 夜晚极光特效的细节表现如图 2-5 所示。

图 2-5 Lumion 10.0 夜晚极光特效的细节表现

5. 照片匹配功能

可以让渲染设计部分与实景拍摄的照片互相匹配，让它们在同一个透视关系里在 Lumion 10.0 里直接合成。

Lumion 10.0 虚实场景合成效果如图 2-6 所示。

图 2-6 Lumion 10.0 虚实场景合成效果

6. 带高程的 OSM 地图

Lumion 10.0 的 OSM 地图如图 2-7 所示。

图 2-7 Lumion 10.0 的 OSM 地图

7. 新增的物件和材质

Lumion 10.0 新增 364 个各种物件模型和 133 个带置换的材质。

Lumion 10.0 景观自然材质表现如图 2-8 所示。

图 2-8 Lumion 10.0 景观自然材质表现

8. 植物笔刷功能

植物笔刷可以实现批量生产植物场景的功能，极大地方便了设计师的创造效率。

利用 Lumion 10.0 植物笔刷创建的场景效果如图 2-9 所示。

图 2-9 利用 Lumion 10.0 植物笔刷创建的场景效果

9. 剖切开洞工具

局部剖切，可以限定边界的局部剖切工具，能使用多个或者配合剖面工具一起使用，能够做出很多复杂的剖切效果，这个功能更符合建筑剖切的需要。

剖切工具的应用如图 2-10 所示。

图 2-10 剖切工具的应用

图 2-11 至图 2-14 所示为利用 Lumion 10.0 渲染的作品。

图 2-11　真实的田园场景材质表现

图 2-12　夜晚星空及灯光的特效表现

图 2-13　夏季午后光影及材质表现

图 2-14　室内材质表现效果

任务 3　Lumion 软件的应用范围

目前，Lumion 软件在 BIM 技术应用中具有非常重要的地位。

BIM 即建筑信息模型，是以建筑工程项目的各项相关信息数据作为模型的基础，进行建筑模型的建立，通过数字信息仿真模拟建筑物所具有的真实信息。

BIM 技术作为一项全新的信息技术，是建筑工程信息化管理的一个新阶段，它提供了一种全新的生产方式，运用数字化的方式，对项目中不同阶段的信息实现集成和共享，为项目各参与方提供协同工作的平台，使生产效率得以提升、项目质量有效控制、项目成本大大降低、工程周期得以缩减，尤其在解决复杂形体、绿色建筑、管线综合、智能加工等难点问题方面显现了不可替代的作用。

其中，BIM 技术的一个重要应用就是利用各种虚拟现实软件来实现对项目的虚拟现实模拟。要实现项目的 BIM 虚拟现实模拟，就必须借助各种虚拟现实类的工具软件，而 Lumion 软件是一款不可或缺的虚拟现实模拟软件。

在建筑领域能够实现虚拟现实模拟的软件还有很多，如 Navisworks、Fuzor、Revit，以及传统的三维设计软件如 3ds Max、SketchUp 等。为了获得更为丰富的渲染效果，还可以借助诸如 V-Ray、Twinmotion、Lightscape、Photoshop 等软件(或插件)对视频动画、图片进行更精细的渲染和处理。与这些软件相比，Lumion 软件有着容易学习掌握、实时编辑、实时观察、速度飞快、综合表现突出等诸多优点，应该说 Lumion 软件有着不可替代的地位。

此外，利用各种软件创建的虚拟现实场景，还可以通过 VR、AR 等外接设备，让用户对于项目得到全方位、真实的沉浸式体验。

Lumion 软件本身包含了一个庞大而丰富的 3D 模型和材质库，包括建筑、汽车、人物、动物、街道、街饰、地表、石头等数百种材质，这让场景非常丰富，满足虚拟现实的视频、图片制作需要。软件还内置了植物、人与动物、电影特效、特殊效果、环境和天气，以及灯光插件等诸多功能。

目前，Lumion 被广泛应用于景观设计、旅游景区设计、建筑设计及部分舞美设计中。应该说，Lumion 是一款不可多得的、非常容易上手的虚拟现实软件，也是在 BIM 技术应用领域中被广泛应用在制作动画视频、虚拟现实漫游和建筑效果图等方面的软件。

任务 4 Lumion 软件的运行环境

由于 Lumion 软件采用了较为先进的 GPU 渲染技术，因此与一般的设计软件相比，它需要配置较高的计算机软硬件环境，特别是对显卡的要求较高。

Lumion 10.0 版本运行的计算机各种配置建议如表 2-1 至表 2-3 所示。

表 2-1 最低配置

项　目	说　明
显卡	至少 6000 个 G3D 点或更高
显卡内存	3GB 以上
操作系统	Windows 10，64 位
CPU(处理器)	Intel/AMD 处理器单线程 CPU 得分为 2000 或更高
显示器分辨率	1920 像素×1080 像素
系统内存(RAM)	16GB 或更高
硬盘驱动器	SATA3 固态驱动器
硬盘空间	用户和文档文件夹所在的驱动器中至少 30G 可用磁盘空间
显示器大小	22 寸以上

表 2-2 推荐要求

项　目	说　明
显卡	G3DMark 为 10000 或更高的显卡
显卡内存	6GB 以上
操作系统	Windows 10，64 位
CPU(处理器)	Intel/AMD 处理器单线程 CPUMark 得分为 2000 或更高
显示器分辨率	1920 像素×1080 像素
系统内存(RAM)	16GB 或更高
硬盘驱动器	NVME m2 硬盘
硬盘空间	用户和文档文件夹所在的驱动器中至少 30G 可用磁盘空间
显示器大小	22 寸以上

表 2-3 高端要求

项　目	说　明
显卡	G3DMark 为 10000 或更高的显卡
显卡内存	11GB 以上
操作系统	Windows 10，64 位
CPU(处理器)	Intel/AMD 处理器单线程 CPU 得分为 2500 或更高
显示器分辨率	最少 1920 像素×1080 像素
系统内存(RAM)	64GB 或更高
硬盘驱动器	NVME m2 硬盘
硬盘空间	用户和文档文件夹所在的驱动器中至少 30G 可用磁盘空间
显示器大小	22 寸以上

显然，为了能够创建较为复杂的场景、加载较为丰富的模型文件、获得更快的运行速度和更真切的用户体验感受，计算机硬件的配置越高越好。

任务5 Lumion 10.0 软件的初始界面

点击桌面上 Lumion 10.0 的快捷图标，可以启动 Lumion 软件，如图 2-15 所示。

图 2-15 Lumion 启动界面

1. 语言选择

在启动界面最上端，软件提供了一个语言选择设置区，预设了 20 种语言供用户选择，如图 2-16 所示。

图 2-16 语言选项

2. 程序设置

在启动界面的右下角有设置按钮 ⚙ ，点击该按钮可展开设置选项卡，在此可以对软件进行各种参数的设置,如图 2-17 所示。

图 2-17　设置选项卡

启用(禁用)高质量树编辑器,点击后在编辑模式中展示树木枝叶、材质的真实质感,点击该选项将提高对硬件的要求,降低现有运行速度。

启用(禁用)自动高质量渲染,点选该图标,可以提高场景实时渲染质量,但同时会使软件运行速度变慢。

数位板输入,激活后将在 Lumion 中打开数位板的支持,计算机键盘将会被锁定,所以不需要数位板时应关闭该按钮。

启用翻转相机(上下)倾斜和禁用倒置相机倾斜两个选项。激活该按钮后,在 Lumion 的操作过程中,鼠标与摄像机的移动方向相反,关闭后恢复至正常状态。

启用(禁止)静音模式,在编辑模式中放置声音后,经过喇叭状的音频输出处将传出声音,激活静音按钮后声音关闭。

全屏或退出全屏按钮,关闭按钮后将在窗口模式下显示,激活后全屏显示。

编辑器质量:控制图像的显示效果,星级越高对计算机配置需求越高,对于低配计算机,星级不宜调高,调太高易出现黑屏现象。

编辑器分辨率:这些比值为软件显示分辨率与计算机最高分辨率的比值,100%为显示最清晰的效果。

单位设置:m 为公制单位(米),ft 为英制单位(英尺)。

3. 新的选项卡

在新的选项卡下,系统提供了多种不同的预设场景供用户选择,主要包括平原、夕阳、夜晚、群山、春天和白色场景等不同的环境,如图 2-18 所示。

4. 输入范例

在输入范例选项卡下,软件预设了九种场景(含建筑模型)供用户选择,主要包括海景房、住宅、威廉卡布雷拉别墅、多彩空间、威廉瓦格纳私人别墅、威廉阿曼奇别墅、办公楼场景、花园和室内环境等九种不同的场景，如图 2-19 所示。

图 2-18　新的选项卡

图 2-19　Lumion 预设范例界面

5. 电脑速度

点击电脑速度，进入基准测试结果界面，如图 2-20 所示。

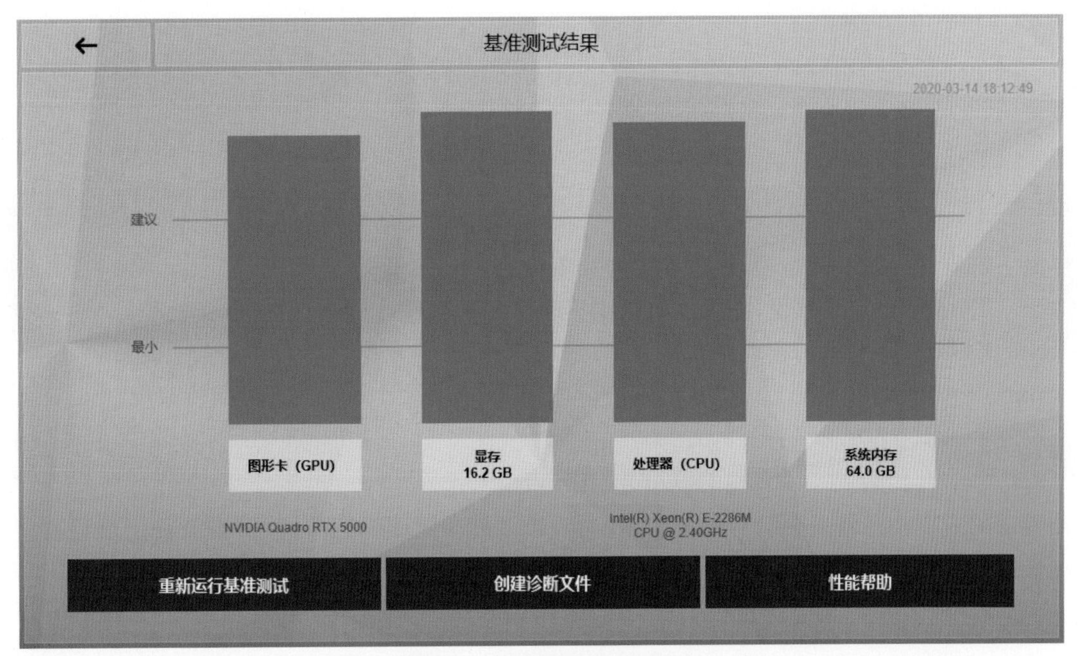

图 2-20 基准测试结果界面

6. 读取

读取以前项目的备份，如图 2-21 所示。在该选项卡下，用户可以直接打开已经被该软件加载过的模型及场景文件，包括“加载项目”和“合并项目”两个选项，分别表示从磁盘加载场景文件和合并场景文件到当前场景。曾经创建并保存过的场景文件，都会显示在加载面板中，这些场景文件可以通过单击缩略图来打开使用。

图 2-21 读取场景

7. 保存

可保存当前的场景，当点击启动界面上的保存图标后，Lumion 可指定路径打开或登录场景及模型，Lumion

10.0 生成的文件格式为“.ls10”。

8. 另存为

可将当前文件另存为一个文件。

9. 新闻及教程

启动界面下部有新闻及教程选项，该选项中有如下内容：

(1) Online Tutorials：在线教程，在这里可以浏览软件配套教程，以方便用户在线学习。

(2) Online Knowledge Base：在线知识库，以方便用户查阅、学习。

(3) Design development with LiveSync real-time rendering：设计开发与实时同步渲染。

10. 悬停帮助

在启动界面的右下角还有一个问号图标 **?** ，当鼠标在此图标上停留，可在软件当前界面中显示各种与当前界面相关的提示信息，如图 2-22 所示。

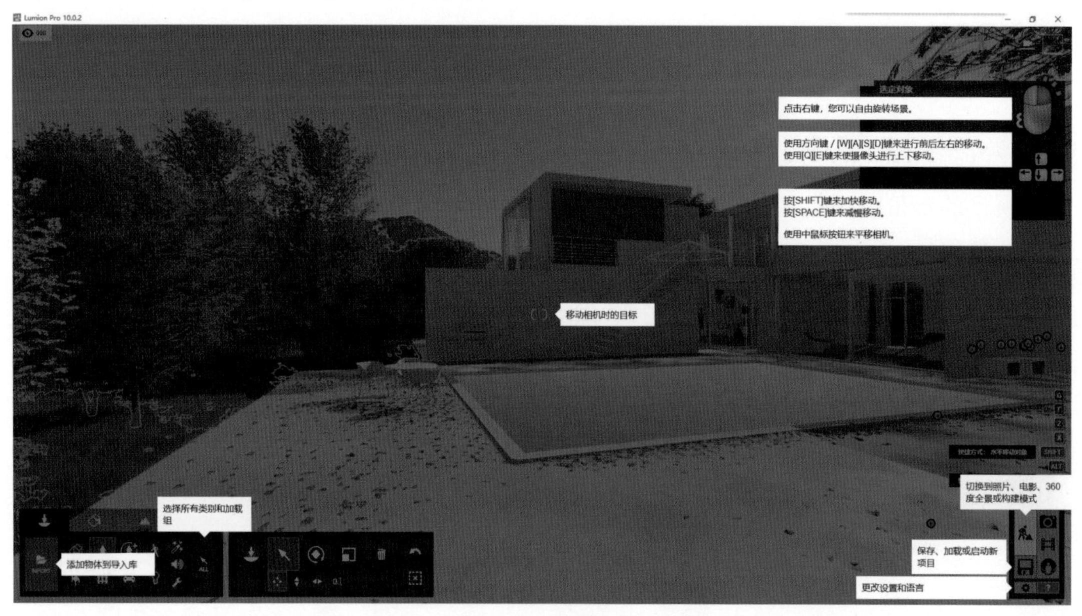

图 2-22　悬停帮助

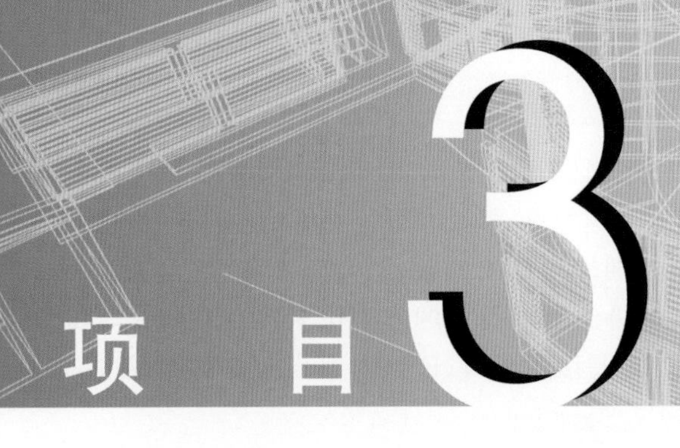

项 目 3

Lumion 10.0 基本场景的创建

任务 1 Lumion 10.0 软件的场景界面

1. Lumion 的场景界面简介

点击任意场景可进入相应场景界面，如图 3-1 所示。

图 3-1 Lumion 10.0 场景界面

Lumion 10.0 场景界面比较简单，主要包括选项卡、工具箱、功能设置栏、图层栏和场景编辑区。

【选项卡】包括物体系统、材质系统、景观系统和天气系统四个工具选项卡，可以为场景创建环境、导入模型、添加配景和特效等。

【工具箱】当选择一个选项卡后，工具箱中会自动显示与选项卡相对应的工具命令。

【功能设置栏】可以在创建、相机视口、摄像机视口等不同的场景间切换。另外，点击“工具”按钮还可对软件操作环境等进行更多的设置。

【图层栏】可将场景模型分类创建到不同的图层，方便编辑管理。

【场景编辑区】中间大块区域就是视图创建和场景编辑区域。

2. 鼠标与键盘的控制

在对场景进行各种操作、编辑的时候，需要使用键盘配合鼠标键来完成各种命令以便快捷有效地进行各种操作。Lumion 软件常用的快捷键和鼠标键有以下几种：

【W、S、A、D 键】方向键，直接点击键盘上的 W、S、A、D 键来分别控制视图向前、后、左、右各个方向移动（W 表示向前，S 表示向后，A 表示向左，D 表示向右）。当然，也可以直接点击键盘上的方向键来控制方向。

【Q、E 键】垂直向上与垂直向下平移视口。其中，Q 键为垂直向上移动视口，E 键为垂直向下移动视口。

【鼠标中键】按住鼠标中键不放，移动鼠标可以平移视口。

【鼠标右键】按住鼠标右键不放的同时移动鼠标，视口位置不变，但视点将会移动。

【鼠标左键】点选菜单、工具或选择物体进行更多操作。

【Shift 键】在对视图进行上述相关各种移动操作的同时，按住 Shift 键可以加快移动的速度。

【Ctrl 键】当放置物体时，按住 Ctrl 键不放即为当前模型随机创建十个类似物体。用于批量放置树木、人等；另外，当需要选择物体时可按住 Ctrl 键不放批量框选物体。

【Alt 键】按住 Alt 键不放的同时，选择物体的夹点并移动即可复制该物体。

【O 键】相机环绕，在移动视口的同时，若按住字母 O 键不放，则视点不动，视口将围绕视点旋转，用于环绕观察中心物体。

【G 键】地面捕捉，将放置的物体自动捕捉到地面。

【V 键】在放置模型时对模型进行随机缩放。

任务2　Lumion 10.0 选项卡

1. 物体系统

点选 图标打开物体系统，物体系统中包括导入的模型、自然、人物和动物、室内、室外、交通工具、灯光、特效、声音和工具等。旁边的工具箱中会出现与创建或放置物体相关的工具按钮及相关面板，可对物体进行放置、选择、旋转、缩放、删除等操作。（见图 3-2）

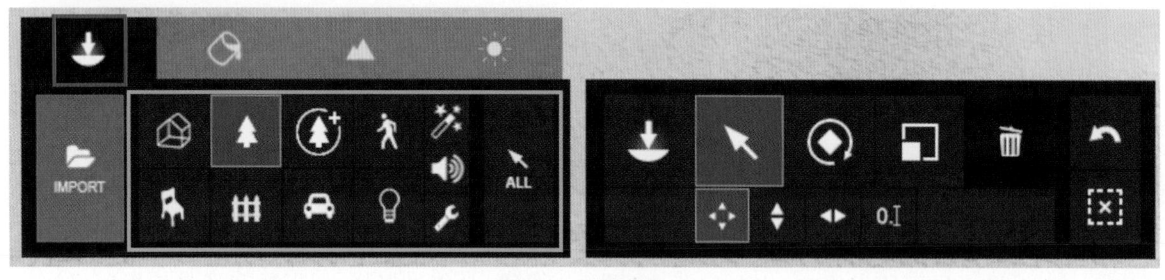

图 3-2　物体系统

2. 材质系统

点选 图标，可以打开材质系统。在空选状态下，如图 3-3 所示，系统提示需要选择模型以便对模型对象进行材质编辑；当选择被加载的模型文件时，会打开材质球工具面板，如图 3-4 所示，在这里可以为模型文件中的构件进行材质编辑。

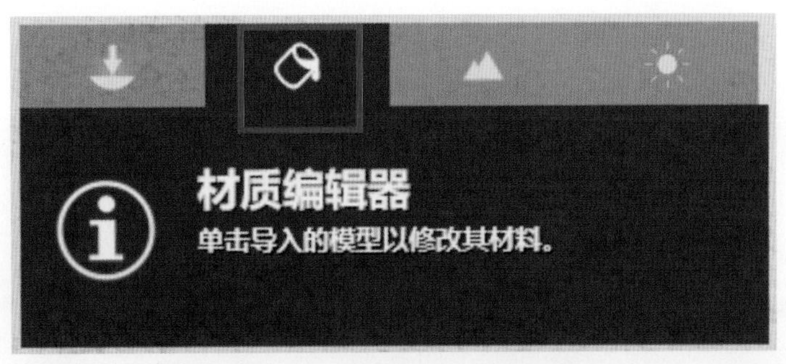

图 3-3　空选状态下的材质系统

图 3-4　选中物体后可进行材质编辑

3. 景观系统

点选 图标，可以打开景观系统，并且屏幕左下角的工具栏会切换成与景观相关的工具按钮及面板，如图 3-5 所示。在景观系统中可以调节场地的高度，生成水面、海洋，对地面进行描绘，生成景观草，联网导入街景地图。

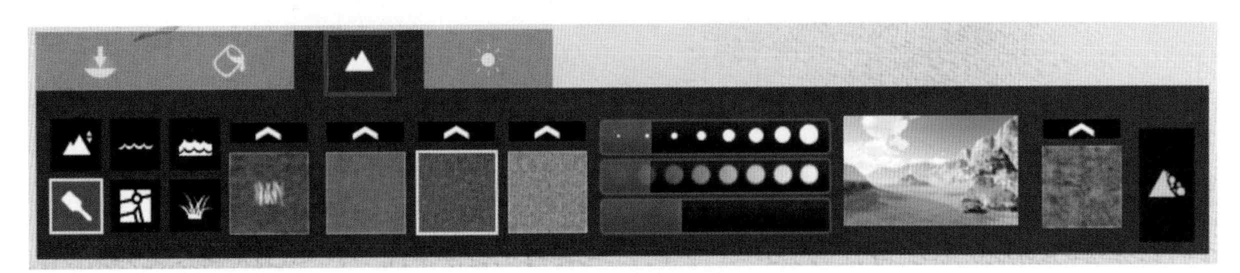

图 3-5　景观系统

4. 天气系统

点选 图标，可以打开天气系统，并且屏幕左下角的工具栏会切换成与天气控制相关的工具按钮及面板，如图 3-6 所示。可以拖动手柄调整太阳的方位、角度，也可以调整太阳的亮度和天空中云层的厚度。

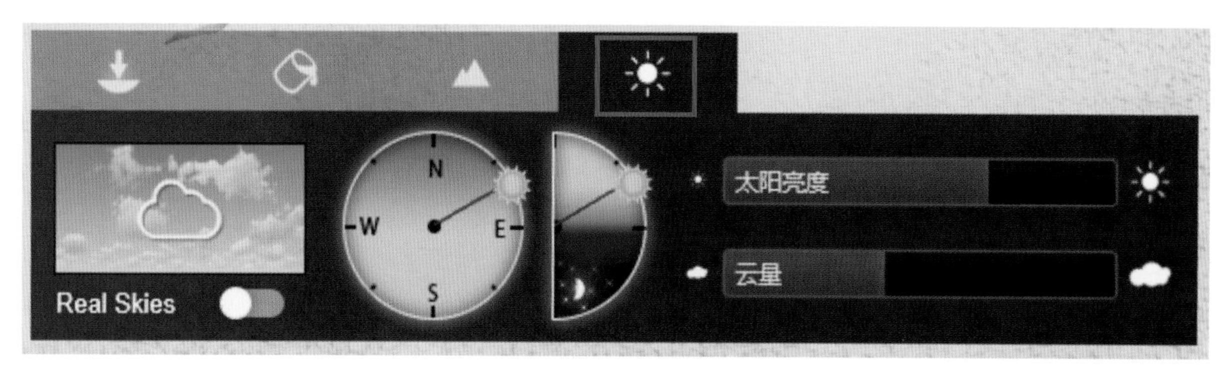

图 3-6　天气系统

任务3　Lumion 10.0 工具箱

在物体系统选项卡中，对应不同的菜单项，工具箱中会有相应的工具命令，如放置、选择、旋转、缩放、删除、撤销等，如图 3-7 所示。同时，在各种命令下会有相应的辅助选项。

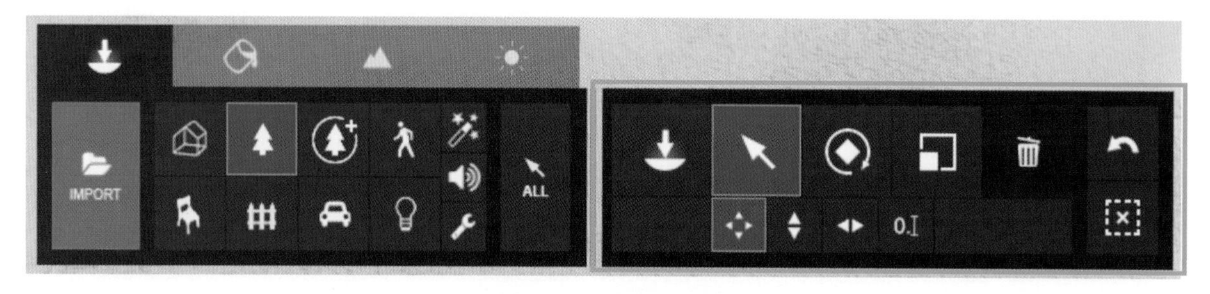

图 3-7　物体系统工具箱

1. 放置选项

选择放置按钮，下面包含单一布置、人群布置和集群布置三种子选项，如图 3-8 所示。

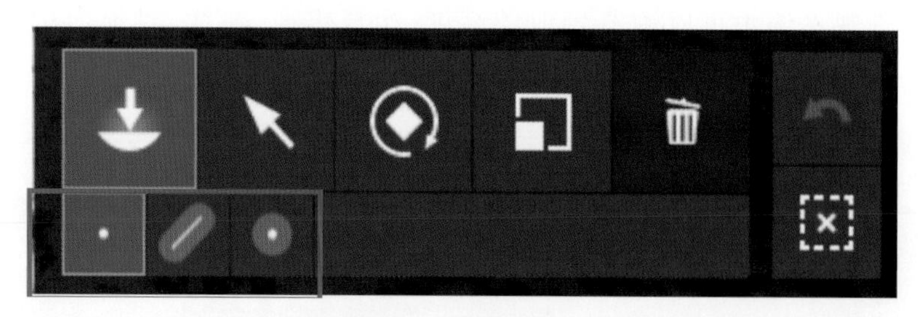

图 3-8　放置选项

2. 选择选项

先点击选择按钮，然后可以选择相应菜单对应的物体。需要注意的是，选择必须在相应的物体系统中的某一类型下，才可选择相应的物体。比如在室内菜单条件下，仅可以选择室内物体；如果要想选择室外物体，则必须把物体系统中“室外”菜单选中才有效。

除此以外，选择还包括自由移动、上下移动、左右移动和键入等选择方式，如图 3-9 所示。

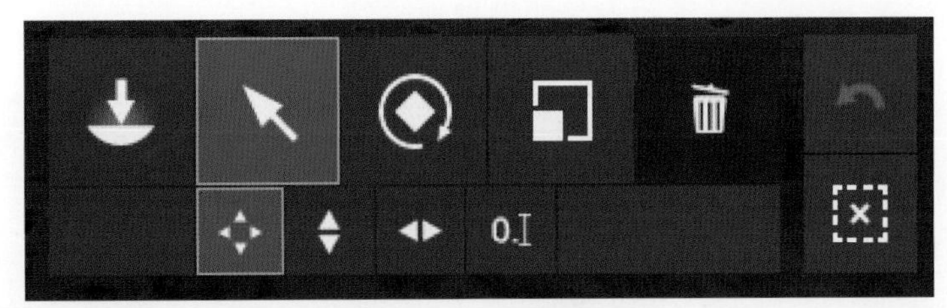

图 3-9 选择选项

3. 旋转选项

选择旋转工具，可以对移动的方向进行设置，如图 3-10 所示。

图 3-10 旋转选项

4. 缩放选项

选择缩放工具，可以对缩放的比例进行调整，如图 3-11 所示。

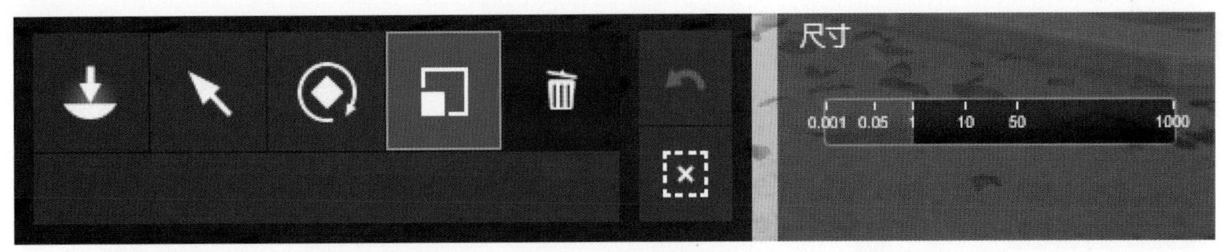

图 3-11 缩放选项

5. 删除选项

删除选项必须在对应的系统类型下方可删除相应的物体，如要删除室内物体，必须同时将放置选项选择到室内 才可进行删除操作。删除选项如图 3-12 所示。

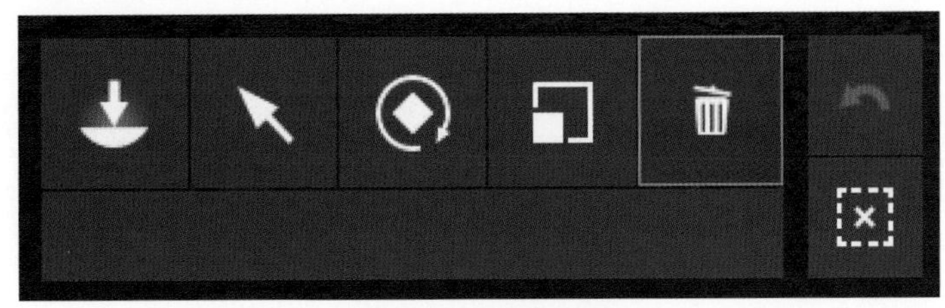

图 3-12 删除选项

除上述工具命令以外，还有撤销和取消选择工具。

任务 4 Lumion 10.0 功能设置

1. 编辑模式

在功能设置栏（即功能区）点击 图标，使其处于亮显状态，软件即进入编辑模式，如图 3-13 所示。在此状态下，可为场景创建物体、景观，进行材质和天气的设置或编辑。

图 3-13　编辑模式

2. 拍照模式

在功能区点击 图标，使其处于亮显状态，软件即进入拍照模式，如图 3-14 所示。在此状态下，可为场景进行拍照，主要用于在相应视口下快速创建静帧的效果图。

图 3-14　拍照模式

3. 动画模式

在功能区点击 图标，使其处于亮显状态，软件即进入动画模式，如图 3-15 所示。在此状态下，可为场景创建动画，主要用于生成动画视频及剪辑。

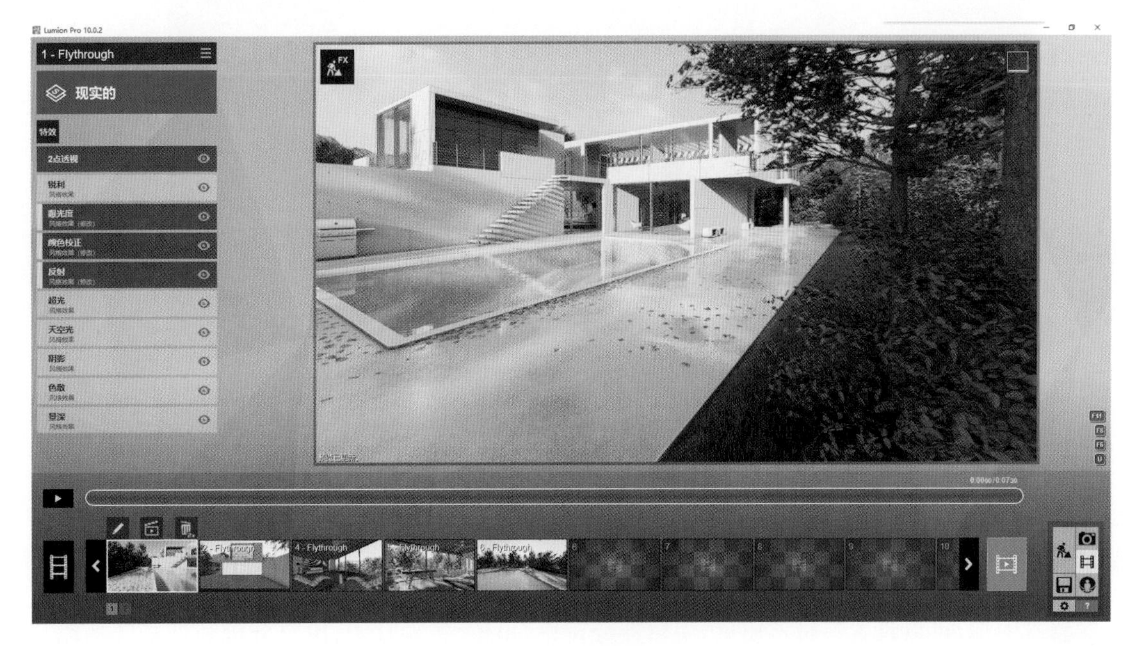

图 3-15　动画模式

4. 保存场景

在功能区点击 图标，使其处于亮显状态，软件即进入保存场景窗口。在此可为创建的文件进行存储操作，如图 3-16 所示。

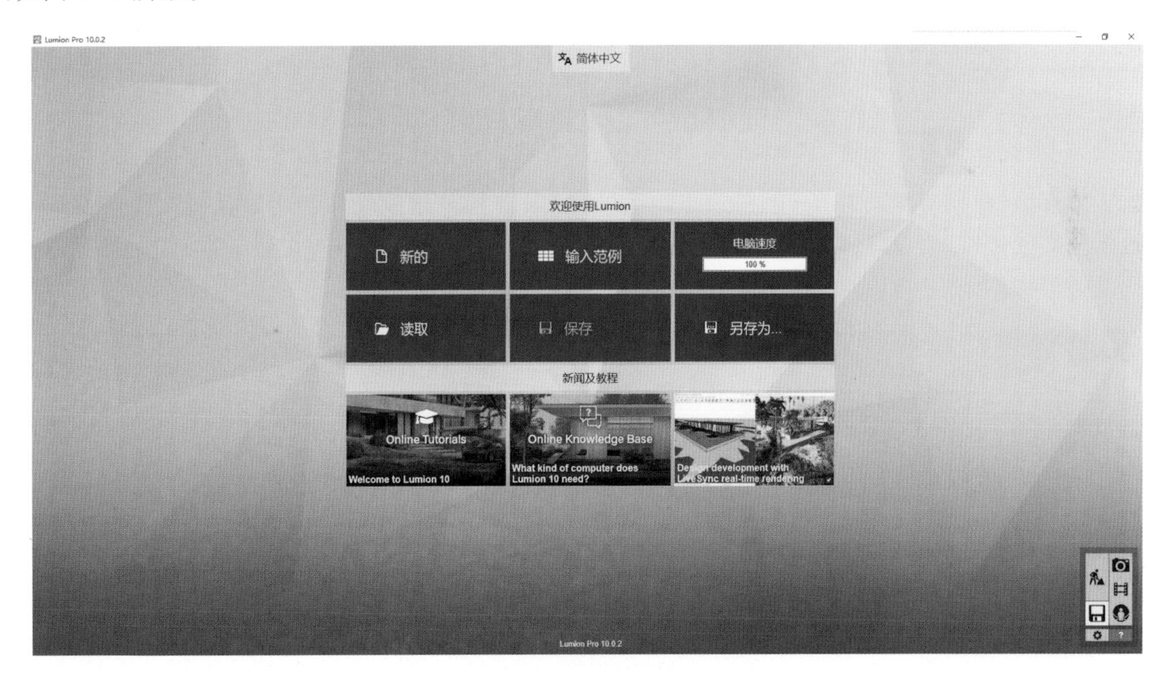

图 3-16　保存场景文件

5. 360 全景

点击 图标可打开全景功能，支持 360 度全景和手机浏览功能，如图 3-17 所示。

图 3-17　360 全景

6. 设置

点击 [图标] 图标，可以设置编辑器质量、编辑器分辨率、单位、错误日志、用户分析和恢复等功能，并显示许可证信息。

7. 帮助

点击 ? 图标，可以启动帮助功能，主要用于帮助用户解读界面中各个工具和命令的使用方法。

任务5　物体系统

在选项卡中，选择 [图标] 即可进入物体系统，如图 3-18 所示。在物体系统选项卡中，可以通过导入方式在场景中添加实体模型，此模型可以为 Revit、SketchUp、3ds Max 等各种建模软件创建的模型文件，还可以利用软件自带的素材库创建模型。软件自带的素材主要有自然、人和动物、室内、室外、交通工具、灯光与实用工具、特效、声音、设备等物体。

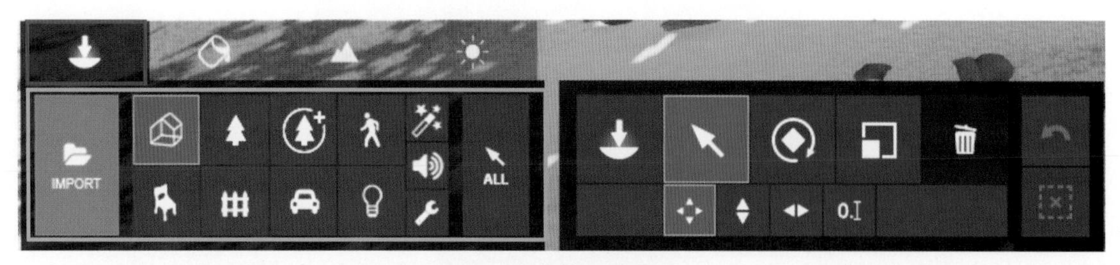

图 3-18　物体系统界面

1. 导入的模型

点击物体系统中的 [图标] 图标，可以打开导入的模型库，如图 3-19 所示，该模型库中的文件为软件之前载入过的模型。

需要注意的是：Lumion 软件加载由其他建模软件创建的模型，需要点击 IMPORT 图标，找到文件存储的路径以加载模型文件。

对存储在模型库中的外部模型文件，双击 图标两次，可删除相应的模型。

2. 自然

点击 图标，可进入对自然物体的操作面板。点击 图标，在弹出的自然库（见图3-20）中包括各种阔叶、针叶、棕榈、无叶树、草丛、花卉、仙人掌、树丛、叶子、林木等植物类型。可根据季节、地理位置等因素选择这些植物的不同形态，以表现更加真实的植物且符合场景的需要。

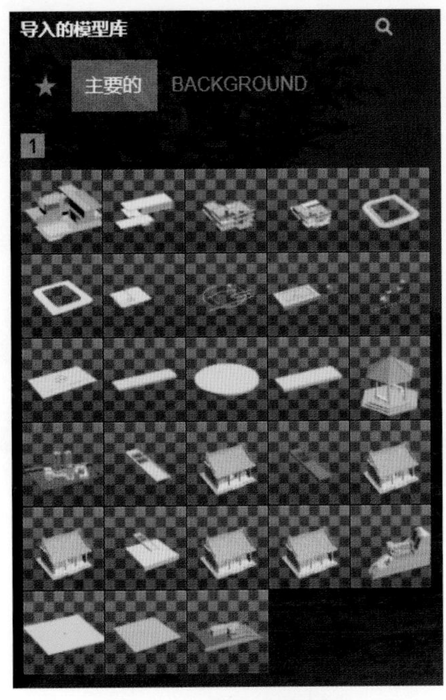

图3-19 导入的模型库

图3-20 自然库

在放置植物模型的时候选择 图标中的任意一种方式，可以以单独方式、直线方式和群体方式放置植物模型。

当选择 图标时，只能放置一个物体；当选择 图标时，放置的物体将以线性布置，通过图3-21所示界面可控制模型的数量、方向、随机方向、随机跟随线段和线段随机偏移等来生成模型的不同形态；选择 图标，可以以群体方式放置物体。放置完成后点击 确定或者点击 放弃当前创建。

图3-21 线性放置设置

【项目数】拖动滑块，可设置重复创建的植物模型数量。

【方向】物体的方向。当拖动滑块时，物体就会随之旋转方向。

【随机方向】批量生成的物体方向具有随机性。当滑块拖动到最小值时，物体方向完全一致；当调整到较大值时,物体随机朝向不同的方向。

【随机跟随线段】成排生成的物体的间距具有均匀性。当滑块拖动到最小值时,物体的间距完全一致;当拖动到较大的数值时,物体间距会产生较大的差异。

【线段随机偏移】物体随距离放置线段的偏移程度。当滑块拖动到最小值时,物体严格按线段方向排列;当拖动到较大的数值时,物体将偏离该线段。

批量放置物体如图 3-22 所示。

图 3-22 批量放置物体

选择一个物体后,会弹出一个物体设置面板,在这里可以设置物体的透明度、绿色区域色调、绿色区域饱和度和绿色区域范围滑块,以此控制物体的形态。区域放置物体如图 3-23 所示。

图 3-23 区域放置物体

点击旋转图标,在工具箱的右侧会出现一个方向调节滑块,如图 3-24 所示;点击缩放图标,在工具箱的右侧会出现一个缩放比例调节滑块,如图 3-25 所示。

图 3-24 旋转调节

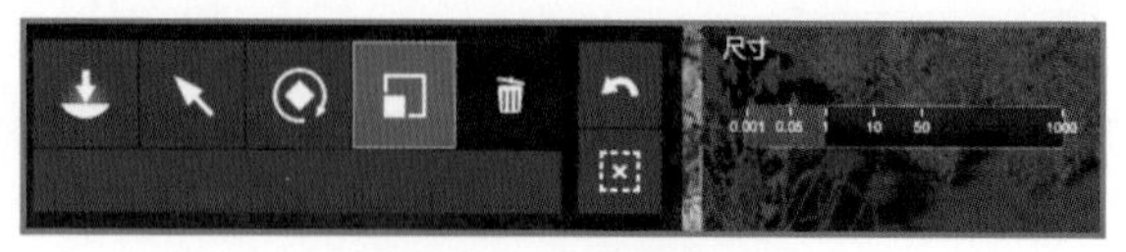

图 3-25 缩放调节

先点击 图标，再选择物体控点图标 ，可以删除该物体。当需要批量删除时，按住 Ctrl 键框选对象，然后再点击物体控点图标可批量删除选择的物体。放弃选择点击 图标。

3. 精细细节自然对象

选择 图标，进入精细细节自然对象库，如图 3-26 所示。虽然精细细节的自然对象会使场景更加清晰和真实，但同时会使 Lumion 的运行速度显著降低，建议尽量少用或只用于近景物体表现。

图 3-26 精细细节自然对象库

4. 人和动物

点击物体系统中的 图标，可以启动字符库面板，即人和动物库面板，这里预设了丰富的人和动物的模型与剪影素材，如图 3-27 所示。

5. 室内

点击物体系统中的 图标，可以启动室内库面板，室内陈设主要包括椅子、桌子、电器产品、厨房用品、食品饮料、照明、卫浴、装饰、储藏、杂类和设备工具等，如图 3-28 所示。

6. 室外

点击物体系统中的 图标，可以启动室外库面板。在这里可以为场景加载预设的通道、杂类、建筑物、施工类、工业、照明、家具、交通标志、储藏、设备工具、垃圾箱等，如图 3-29 所示。

7. 交通工具

点击物体系统中的 图标，再点击 ，弹出传输库面板，即交通工具库面板。这里提供了船舶、公共汽车、施工类车辆、跑车、越野车、卡车、客货车、飞行器、杂类、火车、特种车辆等各类交通工具，如图 3-30 所示。

8. 光源物体

点击物体系统中的 图标，可以启动灯光库面板。在这里可以为场景的各种灯具创建聚光灯、泛光灯和区域光物体，如图 3-31 所示。

9. 特效

点击物体系统中的 图标，可以启动效果库面板，即特效库面板。在这里可以添加喷泉、火苗、烟、雾和落叶的效果，如图 3-32 所示。

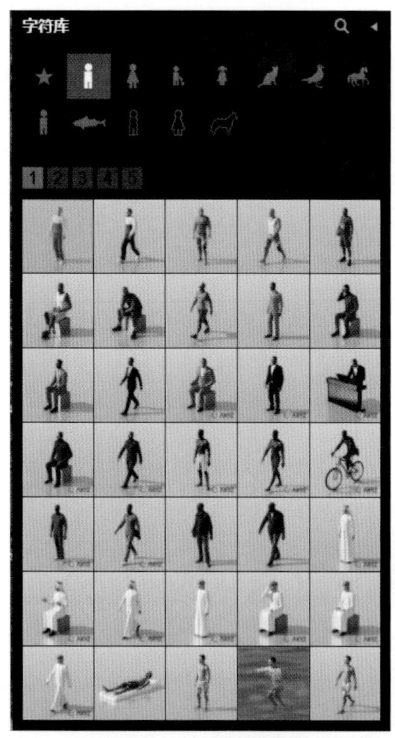

图 3-27　人和动物库

图 3-28　室内库

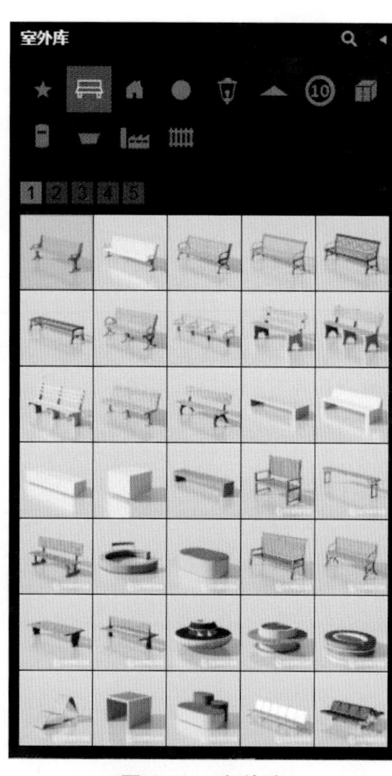

图 3-29　室外库

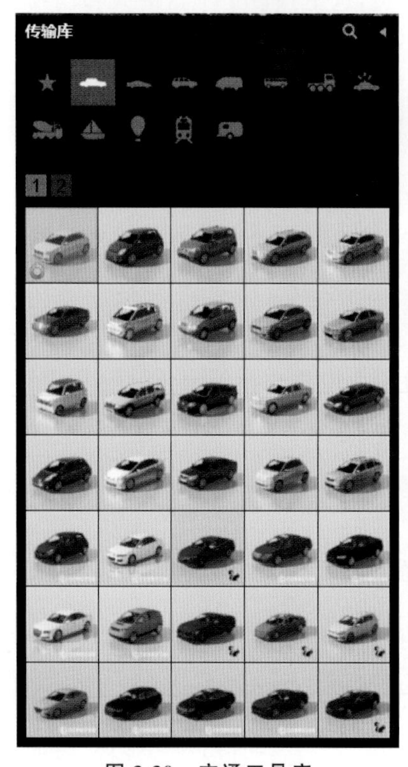

图 3-30　交通工具库

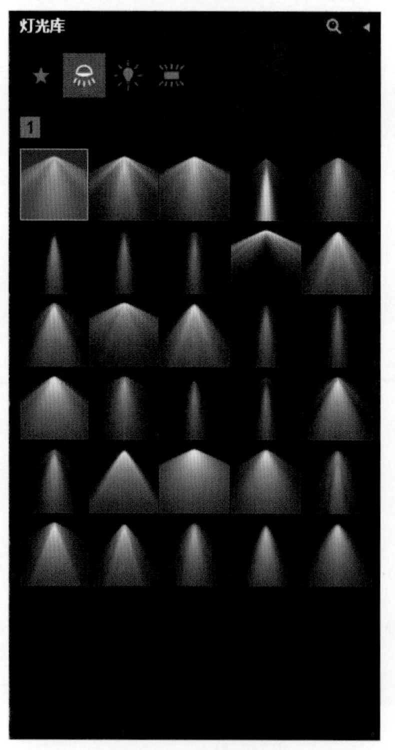

图 3-31　灯光库

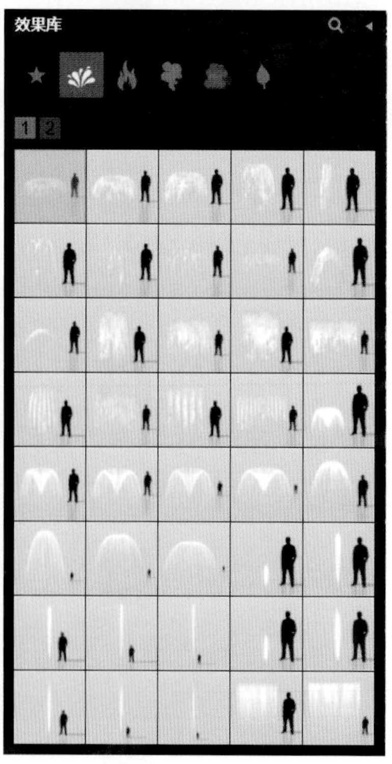

图 3-32　特效库

10. 声音

点击物体系统中的 图标，可以启动声音库面板。在这里可以依附某种物体或环境位置赋予声音，包括室内环境声音、室外环境声音、物体发出的声音和人的声音等，如图 3-33 所示。当视口位置靠近相应物体时，声音效果会被激活而产生音效，加载声音特效。

声音放置后，当镜头接近声源的时候，系统就会自动播放该声音；当镜头远离声源的时候，声音播放就会减弱直至停止播放。

温馨提示：在放置声音的时候需要与周围的环境相协调，如丛林中的各种鸟叫声、商城中人说话的嘈杂声等。

11. 实用工具

点击物体系统中的 图标，可以启动实用工具库面板，如图 3-34 所示。

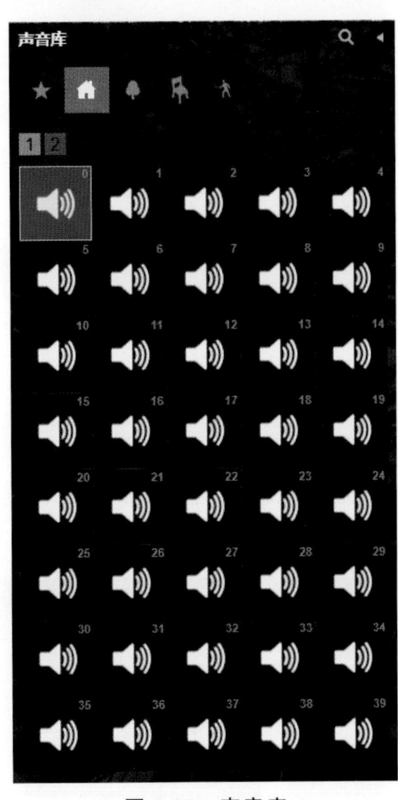

图 3-33　声音库

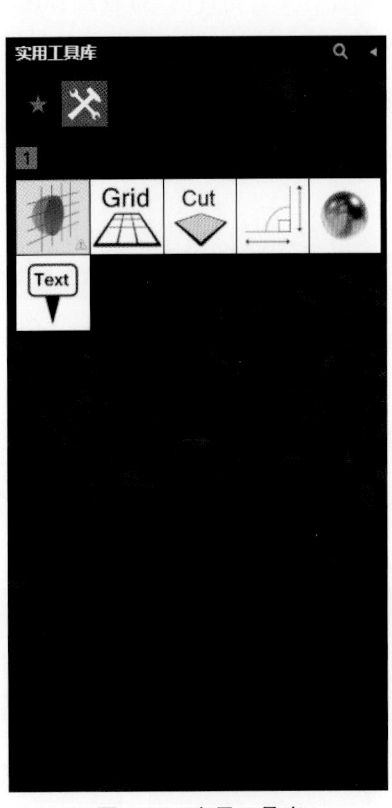

图 3-34　实用工具库

任务6　材质系统

Lumion 软件有非常丰富的材质库，主要包括自然材质、室内材质、室外材质和其他预设的物体材质。需要注意的是，Lumion 软件自带的模型素材不能用材质系统进行材质的再编辑。

应该注意的是：Lumion 软件的材质系统只能对载入的模型进行材质的赋予，而软件自有的模型则不能赋予新的材质，如系统自带的车辆、地面、山体、水体等。当没有选择任何载入的模型对象的时候，材质编辑器会提示用户载入模型，如图 3-35 所示。

图 3-35　材质编辑器

当对加载到 Lumion 软件的模型进行材质编辑时，可以在选择材质库面板后，将鼠标移动到模型中的相应构件位置，此时场景中与其同一类型材质的部件均会亮显，单击选中该模型部件，即可打开材质库或材料属性面板，从而对物体赋予材质。

此时有两种情况：第一种，当选中的构件为模型初始默认材质时，将弹出材质库面板；第二种，当鼠标点选已经在 Lumion 中赋过材质的构件时，将直接弹出材料属性面板。

材质库包含自然、室内、室外和自定义等几种材质。

1. 各种(自然材质)

自然材质主要包括自然界中的二维草、三维草、岩石、土壤、水、森林地带、落叶、陈旧、毛皮等材质，如图 3-36 所示。

2. 室内材质

室内材质主要包括用于室内的布艺、玻璃、皮革、金属、石膏、塑料、油漆、石头、瓷砖、木材和窗帘等材质，如图 3-37 所示。

3. 室外材质

室外材质主要包括用于室外的砖体、混凝土、玻璃、金属、石膏、屋顶、石头、木材和沥青等材质，如图 3-38 所示。

图 3-36　各种(自然)材质库

图 3-37　室内材质库

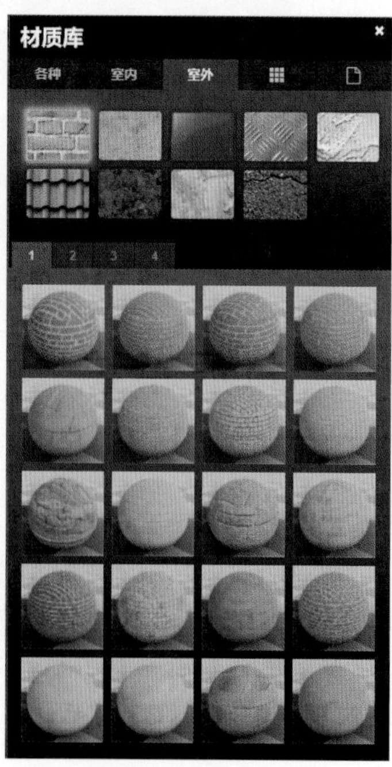

图 3-38　室外材质库

4. 自定义材质

自定义材质主要包括广告牌、颜色预设、玻璃、透明材质、风景、灯光贴图、标准材质和输入材质等，如图 3-39 所示。

5. 新的材质面板

在物体的材质面板中，可以进一步对该材质进行更多参数的调整，主要包括广告牌、颜色、玻璃、纯净的玻璃、无形、景观、照明贴图、已导入的材质、标准、水和瀑布等材质，如图 3-40 所示。

6. 材质的设置

选择一种材质后，可对该材质进行更多设置和调整，如图 3-41 所示。主要调整以下参数：

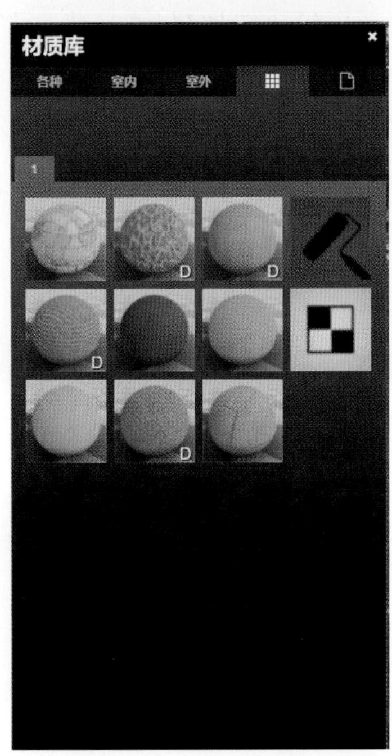

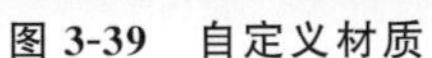
图 3-39　自定义材质

图 3-40　新的材质

图 3-41　材质的设置

【着色】拖动滑块可以调整物体的颜色附着程度。当滑块调整为最小值时材质表现为所赋材质本色，调色板中的颜色不附着在模型上；当滑块调整为最大值时，材质本色将被调色板上的颜色覆盖。

【光泽】拖动滑块可以调整物体材质的光泽度。当滑块调整为最小值时该颜色较为粗糙，没有光泽度；当滑块调整为最大值时，物体表面光滑，具有较高的光泽度。

【反射率】拖动滑块可以调整物体材质的反射率。当滑块调整为最小值时，该物体材质不会反射周围任何物体；当滑块调整为最大值时，该物体会最大程度地反射周围物体，类似镜子的效果。

【视差】材质的凹凸效果。拖动滑块为较小值时，材质表面光滑；拖动滑块为较大值时，材质会出现凹凸效果。在表现诸如砖砌体中的砖与砖缝的质感方面较为明显。

【位移】可以调整纹理贴图的位置。

【地图比例尺-自定义】贴图重复的规格大小调节。当滑块为较小值时，材质贴图将以较小的尺寸重复；当滑块调整为较大数值时，材质贴图将以较大的尺寸重复。

图 3-42 至图 3-44 所示分别为青砖材质、自定义材质和玻璃材质的设置面板。

【位置】对贴图相对 X、Y、Z 坐标的轴向偏移进行调节，如图 3-45 所示。

【方向】对贴图绕 X、Y、Z 轴旋转进行调节，如图 3-46 所示。

【透明度】可以调整该材质的透明程度，如图 3-47 所示。

图 3-42 青砖材质

图 3-43 自定义材质

图 3-44 玻璃材质

图 3-45 位置

图 3-46 方向

图 3-47 透明度

【设置】可以进一步设置被选择物体材质的自发光、饱和度、高光和减少闪烁等，如图 3-48 所示。其中，自发光可以调整材质的发光强度，一般用于灯管等物体；拖动饱和度滑块可以调整贴图材质的饱和度；而高光用以设置物体高光处的亮度；拖动减少闪烁滑块用以调节贴图闪烁问题。

【风化】可以调整不同材质的风化效果，主要包括石头、木材、皮革和一些常见金属的风化类型，如图 3-49 所示。

【叶子】可以设置和调整物体表面被叶子覆盖的效果，如图 3-50 所示。

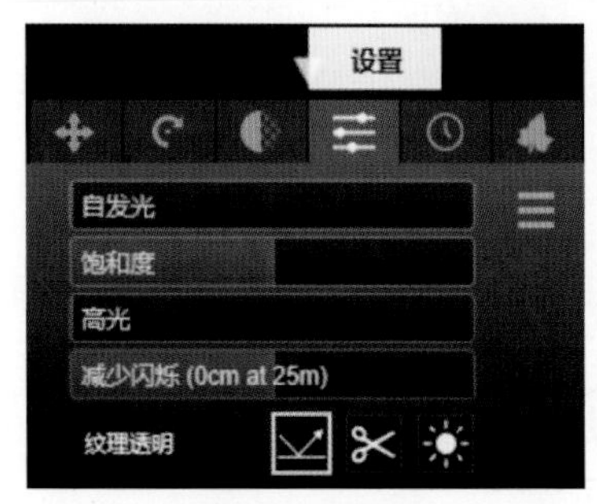

图 3-48 设置

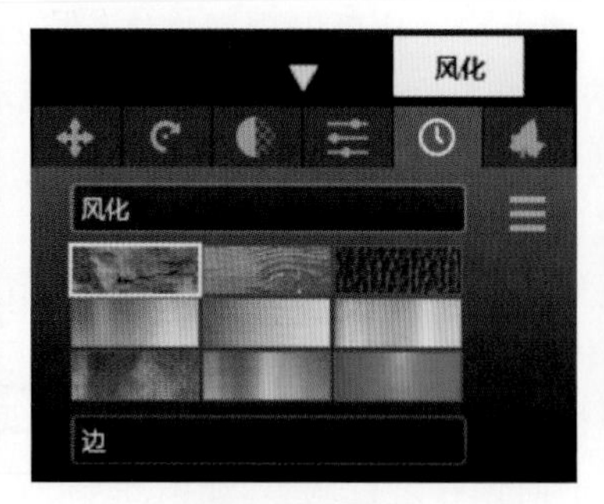

图 3-49 风化

图 3-50 叶子

为场景中的砖、石材设置风化效果对比如图 3-51 和图 3-52 所示。

图 3-51　未设置风化效果

图 3-52　为砖、石材设置风化效果

任务 7　景观系统

点击 图标，即可进入景观系统。在景观系统中，可创建山脉、丘陵、坑体，水体，海洋，道路，草地等，如图 3-53 所示。

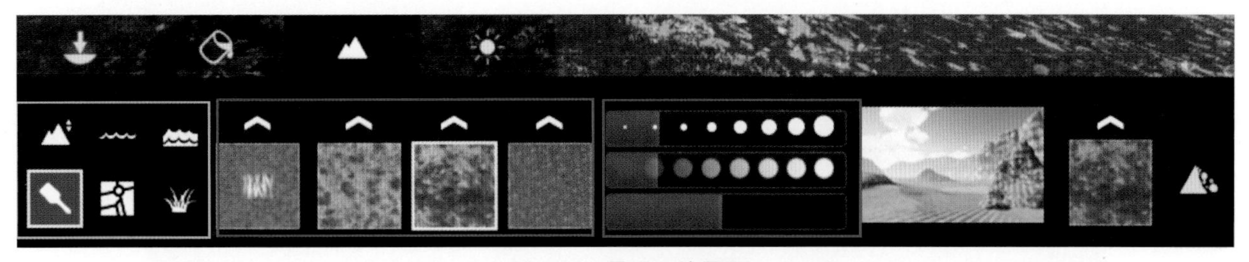

图 3-53　景观系统界面

1. 高度

点击 图标，使其亮显，即可进入创建各种山体或洼地的工作状态，如图 3-54 所示。

【抬升高度】点击 图标，在场景中会出现黄色圆形笔刷，在需要抬升高度的位置按住鼠标左键不放，即可抬升笔刷所及范围内的地面来创建山体或高地。

【降低高度】点击 图标，在场景中会出现黄色圆形笔刷，在需要降低高度的位置按住鼠标左键不放，即可降低笔刷所及范围内的地面来创建洼地、坑体等场景。

【平整场地】点击 图标，在场景中会出现黄色圆形笔刷，在需要平整高度的位置按住鼠标左键不放，即可平整笔刷所及范围内的地面。

【起伏】点击 图标，在场景中会出现黄色圆形笔刷，在需要创建起伏地形的位置按住鼠标左键不放，即可使笔刷所及范围内的地面起伏产生较为明显的效果。

【平滑】点击 图标，在场景中会出现黄色圆形笔刷，在需要创建平滑过渡地形的位置按住鼠标左键不放，即可使笔刷所及范围内的地面产生平滑效果。

【创建平地】点击 图标，可为场景环境创建平地。

【加载景观地图】点击 图标，可以从外部输入一个地形贴图以创建更加丰富的地形效果。

【保存景观地图】点击 图标，可以将当前场景中的地形贴图保存为一个图片方便以后再次调用。

【笔刷尺寸】在创建各种地形的时候，调整滑块 ，可以设置笔刷的尺寸范围。

【笔刷强度】在创建各种地形的时候，调整滑块 ，可以设置笔刷的强度。

需要注意的是：在进行各种地形的创建时，需要同时调整笔刷尺寸和笔刷强度来控制山体生成的大小和范围。

图 3-54　高度操作

【撤销】点击 可撤销之前的操作。

2. 水体

点击 图标使其亮显，即可启动水体面板，用以创建湖泊、水库和泳池等不同的水体，如图 3-55 所示。

图 3-55 Lumion 水体工具

【放置物体】点击 图标，在场景中用鼠标左键拖动一个区域来放置该水体。

【删除物体】点击 图标，该水体会出现一个白色的 夹点图标，点击该图标可以删除创建的水体。

【移动物体】点击 图标，可移动水体，在生成的矩形区域的四个角会出现 图标，其上、下图标分别表示高度和位置的调整按钮，如图 3-56 所示。鼠标左键按住上图标 不放，可以调整该水体的高度；鼠标左键按住下图标 不放，可以移动该水体角点的位置。

图 3-56 水体物体的创建

【水体类型】点击 图标，可以打开类型选项卡，这里预设了六种不同的水体类型，分别为海洋、热带、池塘、山、污水、冰面的效果，如图 3-57 所示。

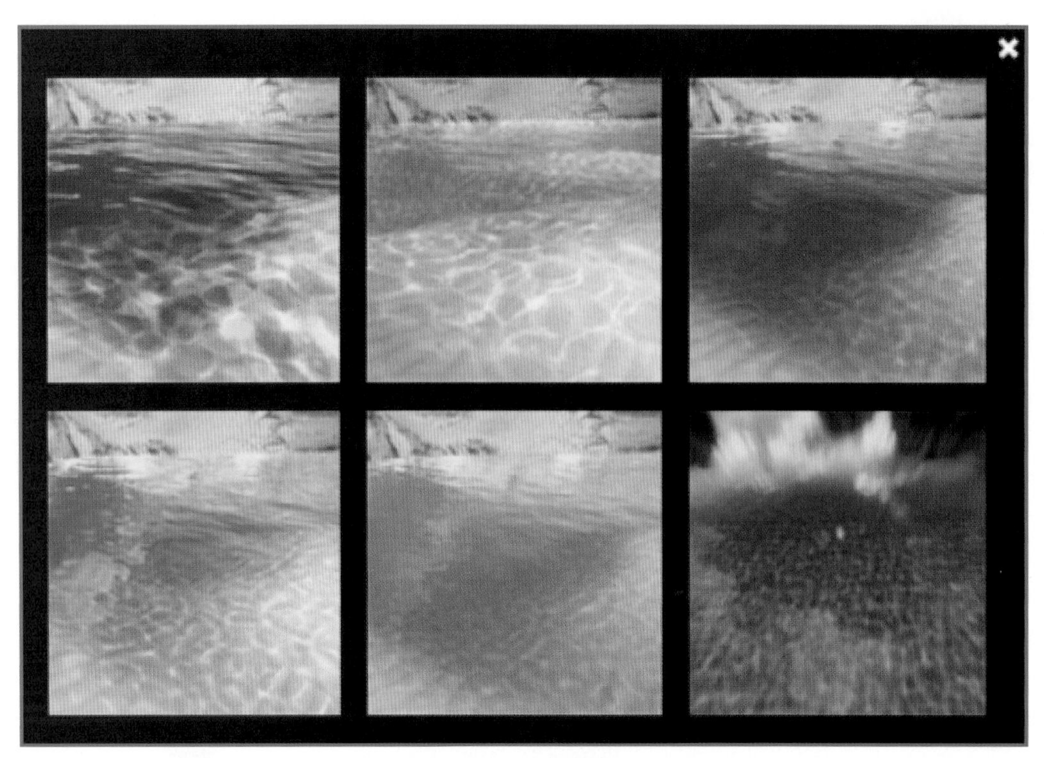

图 3-57　水体预设

3. 海洋

点击 图标进入海洋创建模式，再点击 图标即可开启海洋状态。还可以进一步设置海洋水体的颜色、浑浊程度、波浪强度、海风速度等，以表现不同的海洋形态，如图 3-58 所示。

【波浪强度】拖动 波浪强度 图标的滑块，可以模拟海浪起伏的高度。

【混浊度】拖动 混浊度 图标的滑块，可以设置海水的清澈或混浊度。

图 3-58　Lumion 海洋工具

【风向】拖动 风向 图标的滑块，可以设置风吹动水流动的方向。

【风速】拖动 风速 图标的滑块，可以设置海浪在风力作用下水的流速，用来模拟水流速度。

【高度】拖动 高度 图标的滑块，可以设置海平面的高度值。

【颜色预设】拖动 颜色预设 图标的滑块，并配合颜色1和颜色2两种颜色预设，可产生海洋水体的颜色过渡效果。

【亮度】拖动 亮度 图标的滑块，可以设置海水的亮度。

【颜色】在调色板中可以为海洋选择不同的颜色。

温馨提示：海洋与水体最大的不同是，水体只是在洼地处创建出局部水环境，而海洋则是在基准面处创建整体海洋水环境。

要模拟出真实的水体和海洋效果，除了掌握上述工具操作以外，还需要对真实的水体和海洋环境多观察，才可创建出真实完美的效果。

4. 描绘

在景观系统中，点击 图标，可以切换到描绘工具面板。在这里可为场景的地面赋予新的材质或颜色贴图，还可以对其进行描绘强度、边缘模糊程度和区域大小等的设置，如图3-59所示。

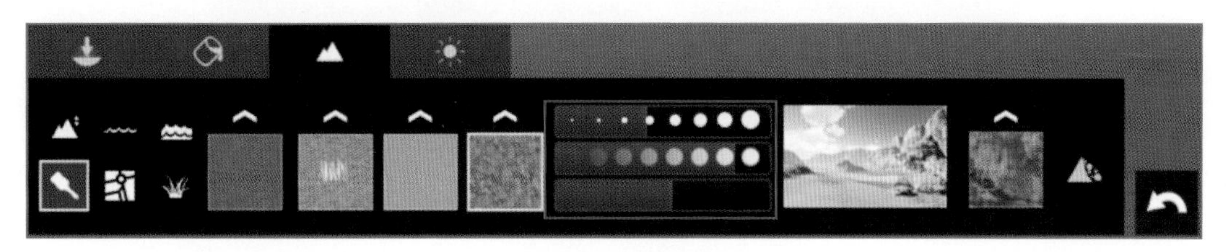

图3-59 描绘工具

【编辑类型】点击 按钮可以展开选择景观纹理面板，进一步设置景观纹理，如模拟积雪、草地、农场等42种不同的地面材质，如图3-60所示。可以选择多个不同类型的材质。

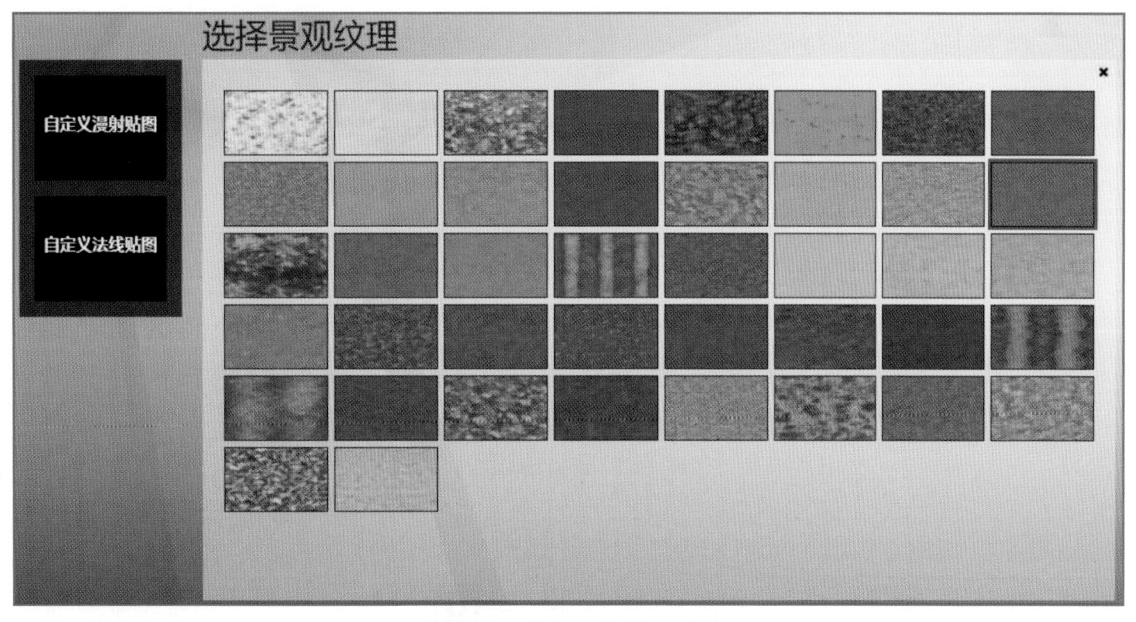

图3-60 选择景观纹理面板

【笔刷尺寸】鼠标左键拖动图标上的滑块，可以控制笔刷的大小尺寸，用以设置描绘区域的范围大小。

【笔刷速度】鼠标左键拖动图标的滑块，可以控制笔刷在刷不同地面材质时的生成速度。

【平铺尺寸】鼠标左键拖动图标的滑块，可以设置贴图的规格大小。需要说明的是，由于所贴的图片都是由单一图片重复拼接构成的，这就需要设置图片的大小规格，这与地板上贴瓷砖情况一样，如同样的地面大小铺贴 400 mm×400 mm 和 800 mm×800 mm 规格的砖，效果就会不一样。

【选择景观】鼠标左键点击图标，可以打开选择景观预设面板，这里预设了 20 种不同的景观环境，如图 3-61 所示。

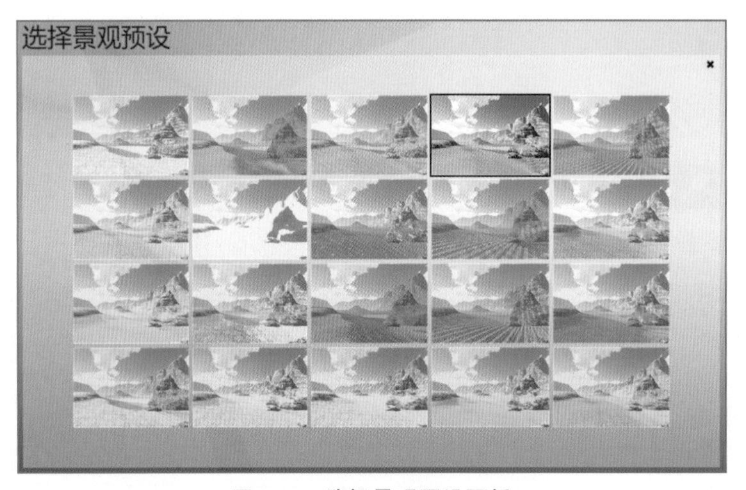

图 3-61　选择景观预设面板

【侧面岩石】鼠标左键点击图标，同样可以打开选择景观纹理面板，在此可以为岩石的侧面添加一种其他类型的效果。

5. 道路地图

在景观系统中，点击图标，即可启动道路地图面板。点击图标后就可以放置道路地图。此功能为 Lumion 10.0 新增的功能，需要联网才可使用，如图 3-62 所示。

图 3-62　道路地图工具

6. 草地

在景观系统中，点击图标打开草地工具面板，再点击图标，可以为场景创建各种花、草、树叶、卵石等模型，同时可以控制模型的尺寸、高度和野生草的绿色等，如图 3-63 所示。

【草层尺寸】鼠标左键拖动 草层尺寸 图标的滑块,用以控制草的整体大小尺寸。

【草层高度】鼠标左键拖动 草层高度 图标的滑块,用以调整草的整体高度大小。

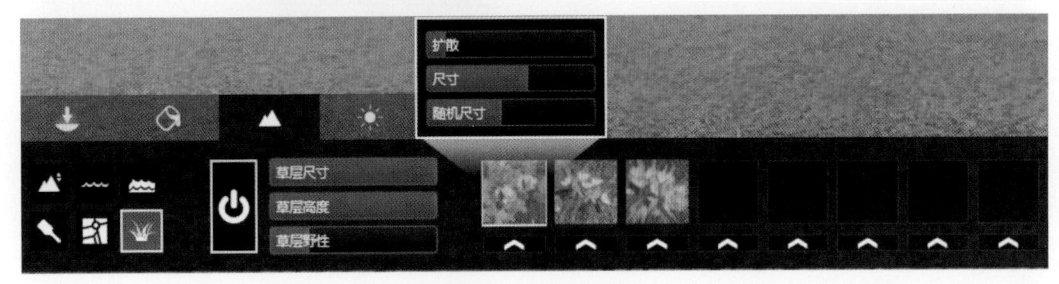

图 3-63　草地工具

【草层野性】鼠标左键拖动 草层野性 图标的滑块,用以设置草的随机程度。滑块值拖动越大,草的野性越强,草会表现出随机生长的形态;反之,草的高低、分布就会较为均匀。

点击 图标,可以打开花草类型图库,在这里可以添加所需的花草类型到项目中,点击 X 则可删除当前花草类型,如图 3-64 所示。

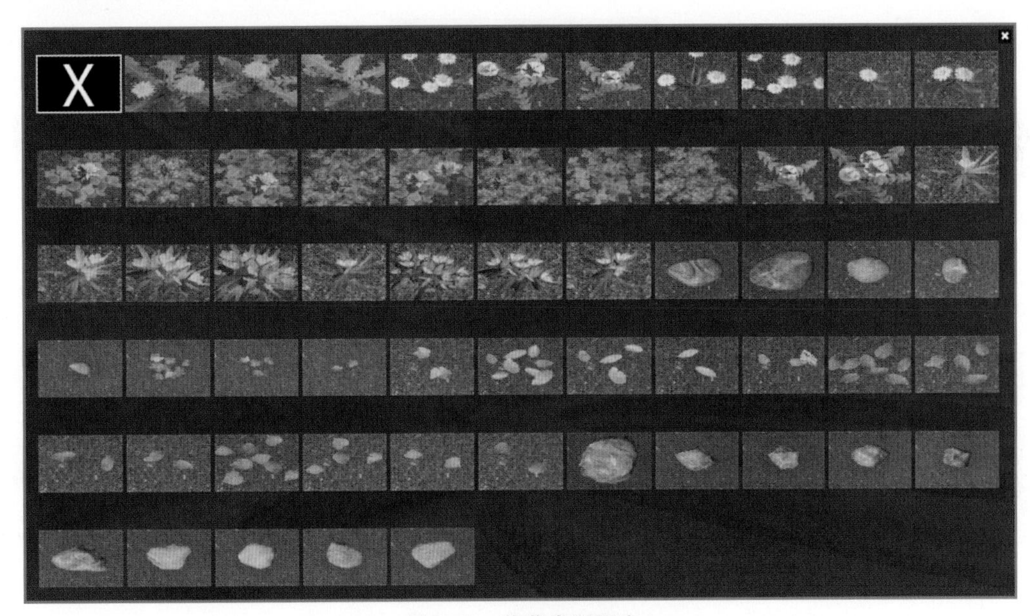

图 3-64　花草类型图库

选择其中任意一个花草类型后,还可单独控制其扩散程度、尺寸大小和随机变化尺寸等。

【扩散】鼠标左键拖动滑块,用于控制当前花草的扩散程度,即疏密程度。滑块拖动的数值越大,花草之间的距离越大;反之越小。

【尺寸】鼠标左键拖动滑块,用于控制花草的大小尺寸。滑块数值越大则花草越大,反之越小。

【随机尺寸】鼠标左键拖动滑块,用于控制当前的花草之间的随机大小差异。滑块拖动数值越大则差异越明显,反之趋同。

任务8　天气系统

鼠标移至软件界面的左侧,点击 图标,即可激活天气系统。在天气系统中可以设置太阳的方位、角度，以及云彩的密度、日光的强度和云彩的类型等，如图 3-65 所示。

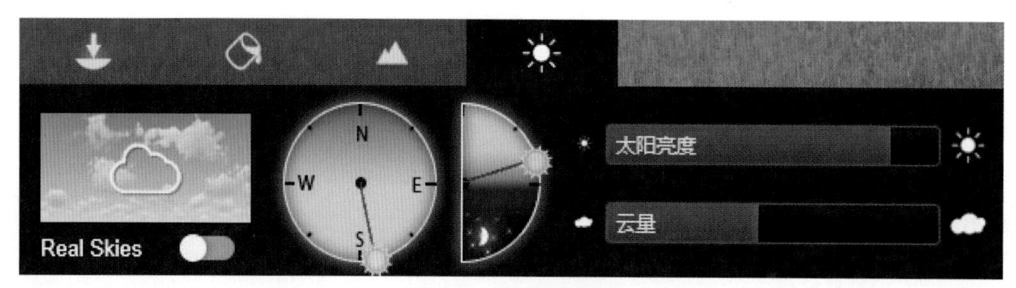

图 3-65　天气系统工具

【太阳方位】根据所要创建的场景地理位置，设定合适的太阳方位，用鼠标左键拖动罗盘的红色指针 ，即可调整太阳所处的方位。

温馨提示：一定要将太阳的方位设置与项目所处的地理位置相匹配。

【太阳高度】用鼠标左键拖动罗盘的红色指针 ，可调整太阳的高度以控制昼夜变化。其中，最高为正午，处于地平线位置时可以模拟日出或日落的时间，当调整到最下部的深蓝色区域时则为夜晚。

【云量】鼠标左键拖动云量滑块的位置 ，可以调整云层的厚度。在调节时，滑块上方会显示积云厚度参数，精确到 0.1，滑块移动的同时配合键盘上的 Shift 键可以微调，参数精确到 0.0001。

【太阳亮度】鼠标左键拖动太阳亮度滑块的位置 ，可以调整日光照射的强度，用以模拟烈日照射、阴云中的日光效果等天气状态。

【云彩类型】鼠标左键点击云彩类型 图标，系统会弹出九种预设的云彩种类供选择，如图 3-66 所示。

以上仅涉及天气操作的基本内容，如需天气变为雨天、雾天等场景，则需要在拍照或者动画模式下创建特效。

图 3-66　云彩类型

温馨提示：通过上述设置，可以模拟不同地理位置的各种天气状态，可以是艳阳高照、万里无云，也可以是阴冷昏暗、月色朦胧等，只要是自然界已有的天气状态几乎都可模拟。但是，想要创建出真实的场景，还需结合项目所处的地理位置、环境的需要和想要表现的整体效果等，彼此协调一致才行。

例如万里无云，能见度非常高的场景，则需要同时调整云量较小、太阳亮度较高；如果要表现阴云密布，则需要将云量调整较大的同时，将太阳亮度设置较低。

总之，要想创建一个真实的天气效果，不但需要熟练掌握软件，还需要细致观察生活，才能表现出“真实的”虚拟环境。

项目4

Lumion 10.0特效与渲染

任务1 特效简介

Lumion 特效是为环境、图片以及视频动画添加各种特殊效果，以达到增强某种视觉表现的目的。如表现光线、阴影、天气等条件下的不同环境特殊效果，又比如为人物、车辆添加行走、移动等特殊效果等。

1. 添加特效

Lumion 10.0 软件为用户内置了非常丰富的特效工具，不仅可以创建诸如火焰、喷泉等物体特效，还可以创建雨、雪、光线等天气变化特效，也可以为车辆和人员添加行驶和走动等动作特效等。这些特效的使用大大增强了图片、视频场景的真实性。

在 Lumion 10.0 中创建或添加特效有以下三种方法：

第一种方法是在编辑模式下展开物体面板，点击特效图标（见图 4-1）并选择物体即可创建物体特效，添加诸如瀑布、喷泉、火焰、烟雾等。其创建方法在第 3 章 Lumion 10.0 基本场景的创建中已经做了介绍，在此不再赘述。

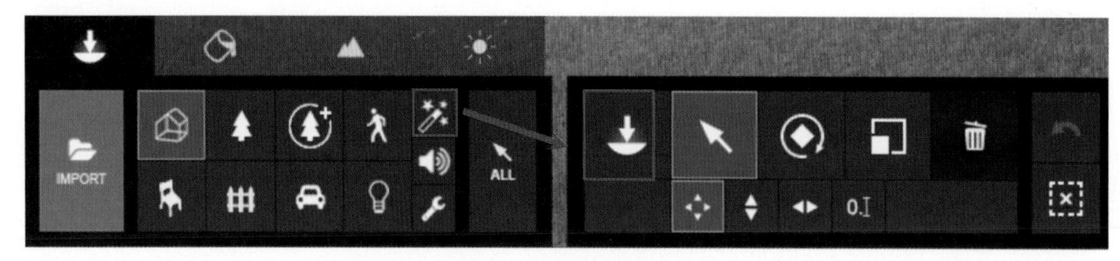

图 4-1 点击特效图标

第二种方法是在拍照模式下添加特效，如图 4-2 所示。

点击软件界面右下角功能设置栏中的按钮，进入拍照模式，点击左上角的特效图标，进入特效面板。其包含太阳、天气、天空、物体、相机、动画、艺术和高级特效等效果选项卡（见图 4-3），在该面板中可为场景添加特效、渲染输出静帧图片和制作场景效果图。但有些特效仅在创建动画模式下才可用，如风、移动等特效。

图 4-2 拍照模式下特效编辑工具面板

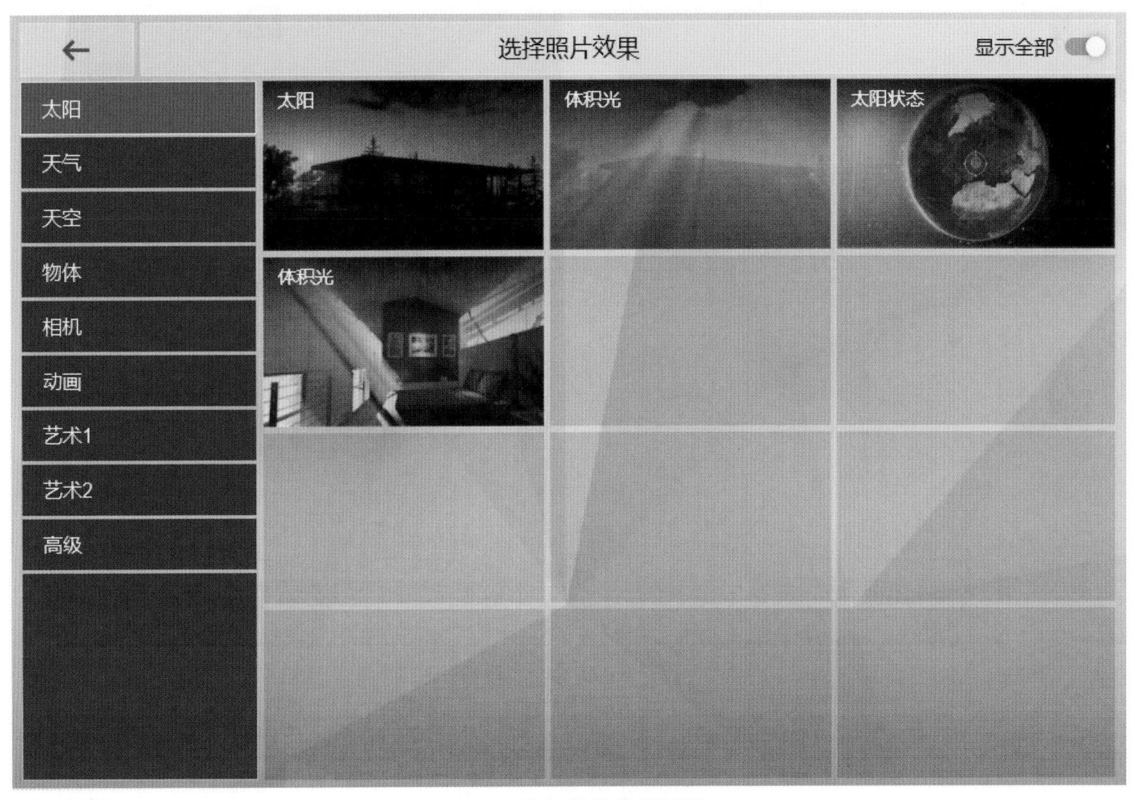

图 4-3 选择照片效果面板

第三种方法是在动画模式下添加特效。

点击软件界面右下角功能设置栏中的 按钮，进入动画模式，然后点击左上角的 特效 图标，进入新增特效面板。这里同样包含太阳、天气、天空、物体、相机、动画、艺术和高级特效等效果选项卡。在这里的特效面板中，可以为环境添加视频特效，如行走等视频动画，如图 4-4 所示。

图 4-4　动画模式下特效编辑工具面板

2. 拍摄效果图

激活拍照模式，将光标放置在空白图像存储区（即拍照区），点击其上部的 按钮，即可为当前场景拍照。调整视图预览区的场景位置，可以为场景连续创建多个效果图。连续双击图像上方的 按钮，可以删除相应图片。

点击右侧的 图标，可以选择出图的像素来渲染相应的效果图，如图 4-5 所示。

图 4-5　渲染照片界面

3. 视频剪辑

在摄像（动画）模式下，点击空白图像存储区，在出现的界面中可以为视频创建视频、插入图片和外部视频剪辑，如图 4-6 所示。其中， 图标表示录制视频剪辑状态； 图标表示插入图片； 图标表示插入现有视频。左键点击相应图标进入相应编辑环境。

点击图像存储区上部的 按钮，可为当前场景拍照；点击 按钮，可以调整视图预览区场景的位置，可以为场景连续创建多个效果图；双击图像上方的 按钮，可以删除相应图片。

图 4-6 视频剪辑

【录制视频】点击 图标进入录制界面,如图 4-7 所示。点击添加相机关键帧 按钮,即可捕捉关键帧,软件会自动计算各个关键帧之间的时间,自动生成连续画面。

图 4-7 单个视频片段录制界面

回到录制界面,选择关键帧可对其进一步编辑。在两个关键帧之间时,点击 图标,可在两个关键帧之间插入一个关键帧;点击 按钮,可刷新当前关键帧;点击 图标即可删除当前视频片段。编辑界面如图 4-8 所示。整体视频编辑界面如图 4-9 所示。

完成视频编辑后,点击 图标可渲染相应视频。选择左侧的 图标,表示对多段视频片段进行播放或者渲染。

图 4-8 单个视频编辑界面

图 4-9 整体视频编辑界面

【插入图片】点击 图标，可在视频片段之间插入图片。

【插入剪辑】点击 图标，可在当前视频片段之间插入外部视频剪辑。

任务 2 特效的设置

在拍照模式或者动画模式下，点击左上角的自定义风格按钮 Empty ，即可设置画面风格。画面风格主要包括自定义风格、现实的、室内、黎明、日光效果、夜晚、阴沉、颜色素描和水彩九种，如图 4-10 所示。

图 4-10 选择风格

在自定义风格下，可以为场景直接创建各种不同的特效。点击左上角的"特效"按钮 特效 ，打开选择电影效果面板，这里包括太阳、天气、天空、物体、相机、动画、艺术 1、艺术 2 和高级几种特效选项卡，如图 4-11 所示。

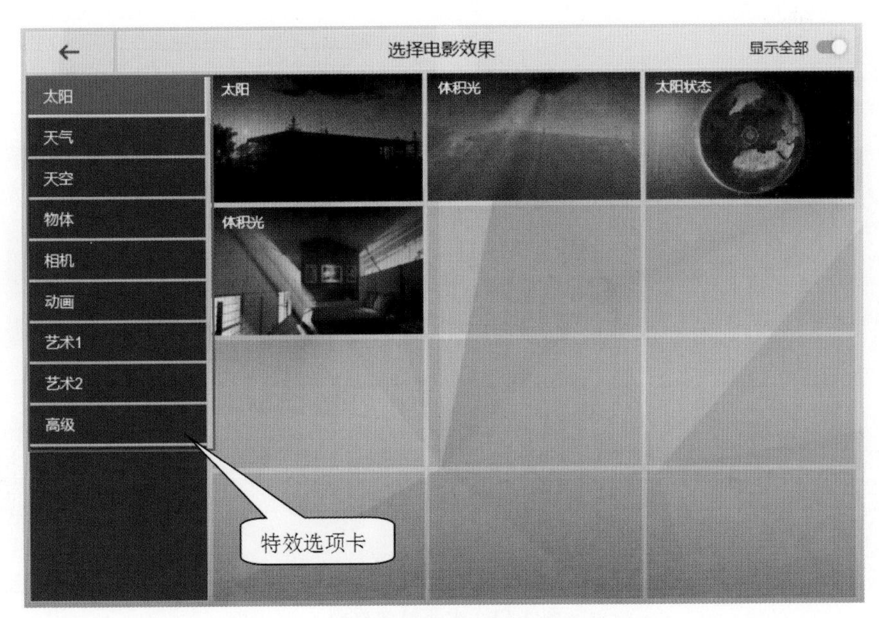

图 4-11　选择电影效果面板之太阳选项卡

1. 太阳

在太阳特效面板中包含太阳、体积光和太阳状态等几个选项，其中，体积光有两个，我们称上排的为体积光1，下排的为体积光2，它们的调节对象及参数有所不同，如图4-12所示。

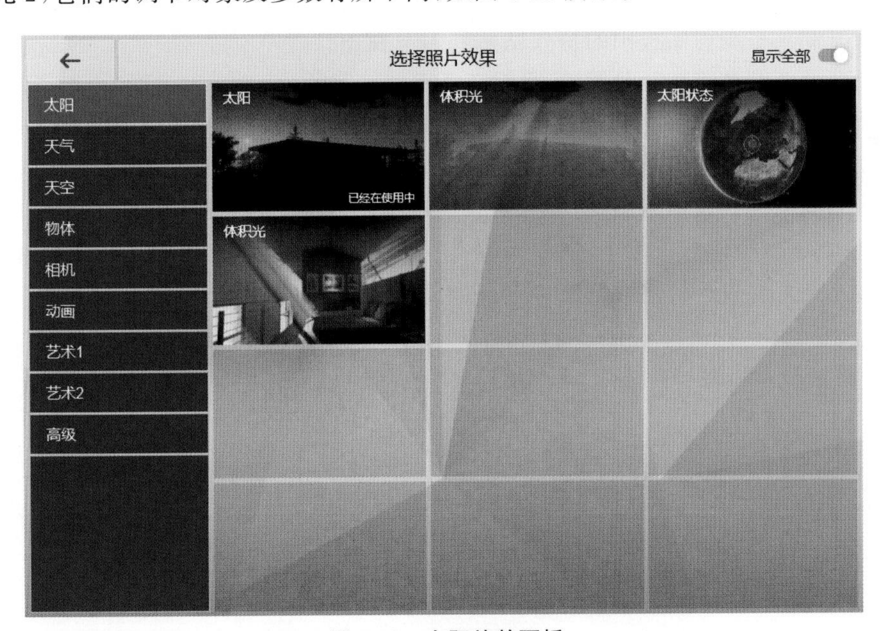

图 4-12　太阳特效面板

【太阳】太阳特效包括太阳高度、太阳绕Y轴旋转、太阳亮度、太阳圆盘大小等功能设置。调整参数滑块数值，可以产生不同的特效，如图4-13所示。

太阳高度值可在−1～1之间调整。数值越大，太阳高度越高，可模拟白天效果；数值越小，太阳高度越低，可模拟夜晚效果。

太阳绕Y轴旋转值可在−1～1之间调整，用以模拟太阳方位。

太阳亮度值可在−1～1之间调整。数值越大，太阳亮度越高；数值越小，太阳亮度越低。

太阳圆盘大小值可在0～1之间调整，用以调整太阳的大小。

图 4-13 太阳特效界面

温馨提示:在所有添加的任意一个特效工具的右上角,点击 ☰ 图标打开菜单,包括复制设定和粘贴设置两个选项;在菜单右侧双击 🗑 两次,可删除该特效。

复制设定:可将当前特效复制。

粘贴设置:可将复制到系统剪贴板中的特效粘贴到当前视图。

温馨提示:其他特效工具都有类似的菜单,之后不再赘述。

【体积光 1】添加体积光 1 特效后,可以通过调整衰变、长度和强度滑块控制场景中阳光的效果,如图 4-14 所示。

衰变可在 0~1 之间调整。数值越小,体积光的衰变越小;数值越大,则衰变越大。

长度可在 0~1 之间调整。数值越小,体积光的长度越小;数值越大,则体积光的长度范围越大。

强度可在 0~10 之间调整。数值越小,体积光的强度越小;数值越大,则体积光的强度越大。

需要注意的是,这三个参数需要协同调整,才可表现出体积光的最佳效果。

图 4-14 体积光 1 特效界面

【体积光 2】开启体积光 2 特效，可以为场景创建阳光被尘埃反射后光线的效果。在体积光 2 特效中，可以通过调整亮度和范围来控制体积光的显示效果，如图 4-15 所示。

亮度可在 0～1 之间调整，以表现体积光的亮度大小。数值越小，亮度越低；数值越大，则亮度越强。

范围可在 0～6 之间调整。数值越小，体积光范围控制越小，体积光的效果越明显；反之，数值越大，体积光范围控制也越大，体积光的效果越不明显。

图 4-15　体积光 2 特效界面

【太阳状态】在太阳状态中，可以对太阳出现的时间、时区、经纬度等参数进行设置。

首先，点击 图标在地球仪上指定太阳的位置，在此，可修改太阳的时间、时区、经纬度等参数，如图 4-16 所示。

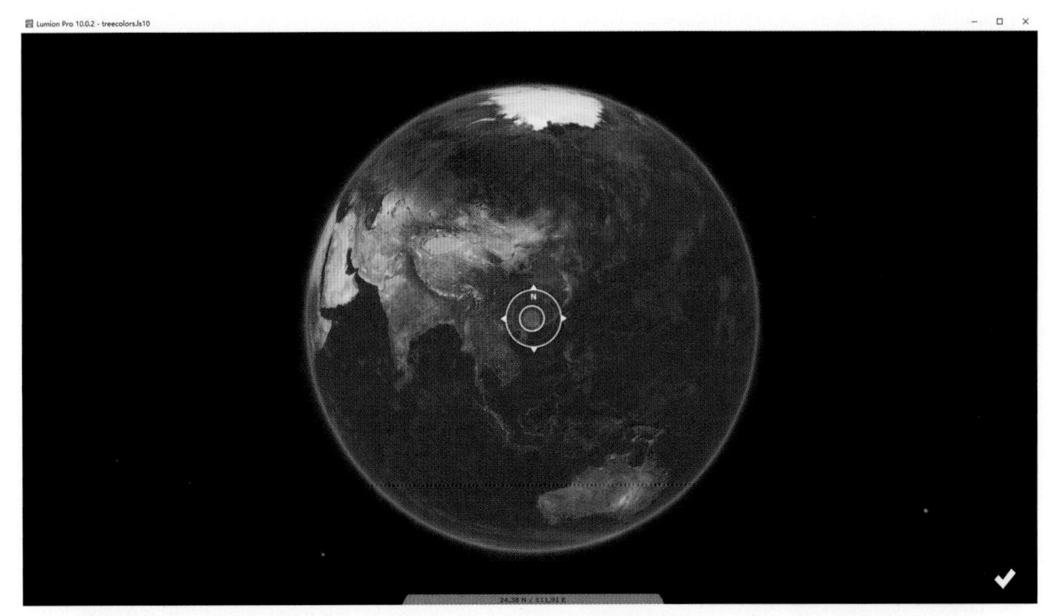

图 4-16　指定太阳地理坐标

其次，打开太阳状态特效界面，如图 4-17 所示。

小时可在 0～24 之间调整，以模拟真实的时刻。

分钟可在 0～59 之间调整，以模拟真实的时刻。

白天可在 0～31 之间调整，以模拟真实的日期。

月可在 0～12 之间调整，以模拟真实的月份。

年可在 2012～2050 之间调整，以模拟真实的年份。

时区可在－12～＋12 之间调整，以模拟真实的时区划分。

夏令时可在－1～＋1 之间调整，以模拟夏令时。

纬度可在 90S～90N 之间调整，以模拟真实的纬度位置。

经度可在 180W～180E 之间调整，以模拟真实的经度位置。

向北偏移，可对模型的相对正北方位进行偏移调整，以模拟真实的位置偏移。

图 4-17　太阳状态特效界面

2. 天气

在天气特效面板中，包含雾气、风和沉淀三种特效，如图 4-18 所示。

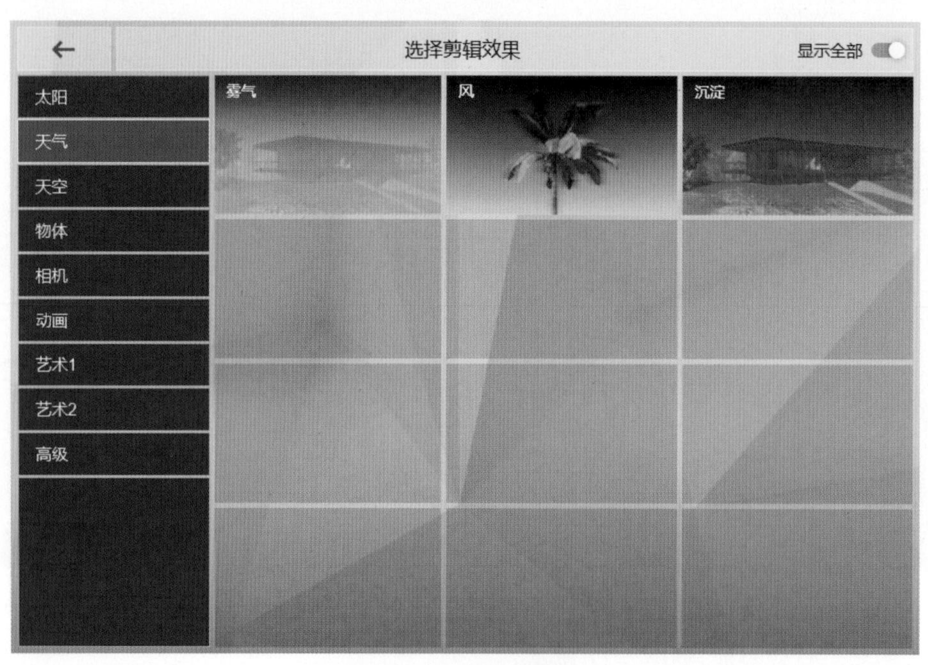

图 4-18　天气特效面板

【雾气】添加雾气特效，可控制雾气的密度、衰减值、亮度和颜色，拖动滑块数值可以观察到画面中雾气的不同变化，如图 4-19 所示。

图 4-19　雾气特效界面

雾气密度可在 0～2 之间调整。数值越小，雾气密度越小，能见度越高，即当数值为 0 时，雾气基本消散不见；数值越大，则雾气密度越大，能见度越低，即当数值为 2 时，环境完全笼罩在雾气中。

雾衰减可在 0～1 之间调整。数值越小，衰减越微弱；数值越大，衰减越明显。

雾气亮度可在 0～1 之间调整。数值越小，雾气的亮度越低；数值越大，雾气的亮度越高。

应该注意的是，雾气特效设置需要同时调整以上几个参数，以达到真实的效果。图 4-20 所示为调整三个参数后的环境雾气效果的表现。

图 4-20　雾气特效

【沉淀】用以表现雨雪天气，通过对降水阶段、粒子数量、粒子大小、被植物和树木堵塞、阻塞距离、添加雾和阻塞偏斜等滑块的调节，可以表现不同的雨雪效果，如图 4-21 和图 4-22 所示。

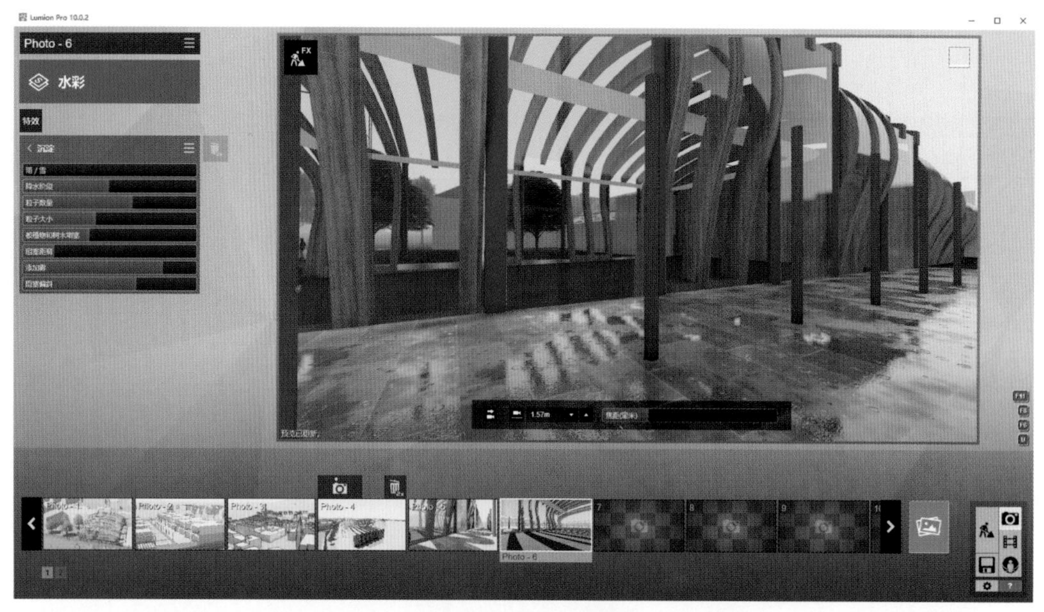

图 4-21 雨天特效

图 4-22 雪天特效

雨/雪可在 0～1 之间调整。当值为 0 时是雨，当值为 1 时是雪，在 0～1 之间时，则为雨雪混杂。

降水阶段可在 0～1 之间调整，以表现降水初期或后期。

粒子数量可在 0～1 之间调整，以控制雨雪颗粒的数量多少。数值越小，颗粒越少；数值越大，则颗粒越多。

粒子大小可在 0～1 之间调整，以控制雨雪颗粒的大小。数值越小，颗粒越小；数值越大，则颗粒越大。

被植物和树木堵塞的参数可在 0～1 之间调整，以表现植物、树木下雨雪的效果。数值越小，则植物或树木下被遮挡的越不明显；数值越大，则植物或树木下被遮挡的越明显。

阻塞距离可在 0～1 之间调整，用以调整雨雪阻塞的距离。

添加雾可在 0～1 之间调整，用以表现雨雪天气条件下雾的浓淡效果。

阻塞偏斜可在－1～＋1 之间调整，用以调整雨雪阻塞的偏斜程度。

3. 天空

在天空特效面板中，包含北极光、真实天空、天空和云、凝结、体积云、地平线云和月亮等几种不同的特效，如图 4-23 所示。

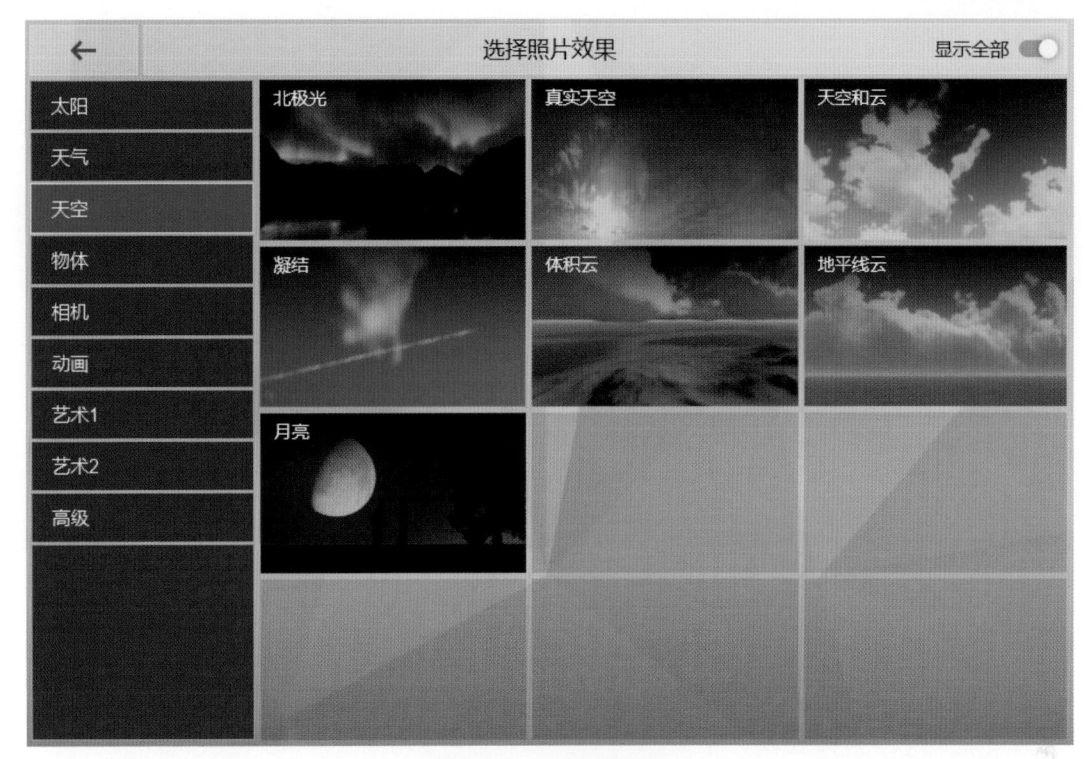

图 4-23 天空特效面板

【北极光】当环境为夜晚时，打开北极光特效，可以调节亮度、颜色偏移、速度、时间偏移、缩放和绕 Y 轴旋转等来表现北极光效果，如图 4-24 所示。

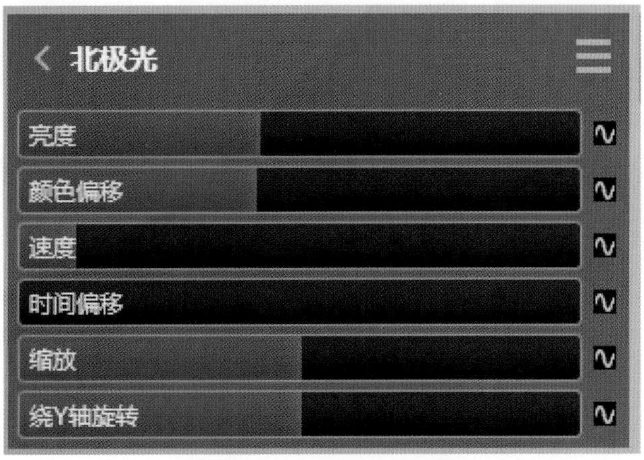

图 4-24 北极光特效参数

亮度可在 0～1 之间调节。数值越小，亮度越低；数值越大，则亮度越高。

颜色偏移可在－0.5～＋0.5 之间调节，用以控制颜色的变化，可调整其红、绿、蓝等颜色色调。

速度可在 0X～10X 之间调节，用以控制北极光的变化速度。数值越小，速度越慢；数值越大，速度越快。

时间偏移可在 0S～125S 之间调节，用以控制时间偏移变化程度。

缩放可在 0X～2X 之间调节，用以控制北极光的缩放比例。

绕 Y 轴旋转可在－180°～＋180°之间调节，用以控制北极光的位置。

【真实天空】在真实天空特效中，点击天空贴图图标，可以打开天空贴图素材库。拖动下面参数的滑块可以调整天空绕 Y 轴旋转、亮度、总体亮度，还可翻转天空方向，如图 4-25 所示。

图 4-25　真实天空特效界面

点击视图左上角的真实天空图标，可进入多种真实天空模板的选择面板，在此可以为环境选择不同状态的真实天空效果，如图 4-26 所示。

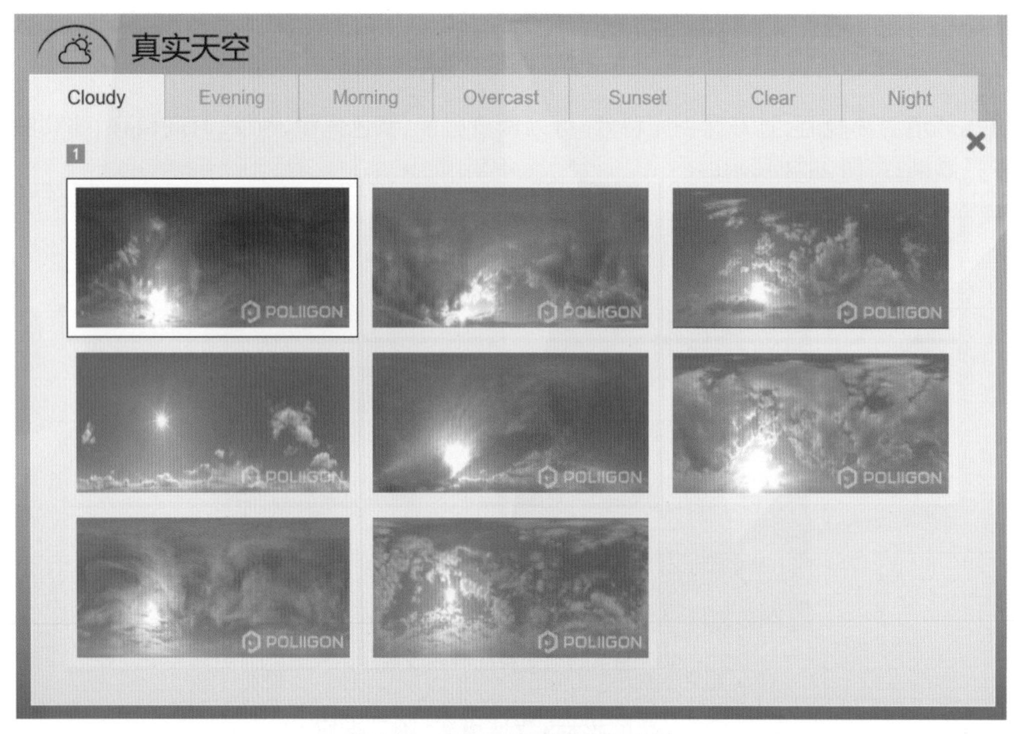

图 4-26　真实天空模板选择面板

绕 Y 轴旋转可在－180°～＋180°之间调整，以模拟 360°范围的天空方向。

亮度可在 0～2 之间调整。数值越小，亮度越低；数值越大，亮度越高。当数值为 1 时，亮度适中。

总体亮度可在 0～2 之间调整，用于控制总体环境的亮度大小。

翻转天空用以控制天空的方位正反方向。

【天空和云】打开天空和云特效，可以单独控制天空和云的形态。例如，画面中的高空云和低空云形态可以单独控制，可以为场景中的云彩进行位置、云彩速度、云量、方向、亮度等诸多设置，以表现出更多、更丰富的云彩特效。拖动这些参数的滑块，调整数值大小，可以观察到画面中云彩的不同变化，如图 4-27 所示。

图 4-27　天空和云特效界面

位置可在 0～1 之间调整，用以控制云的位置。

云彩速度可在 0～4 之间调整，用以控制云飘动的速度快慢。数值越小，速度越慢；数值越大，速度越快。

主云量可在 0～1 之间调整，用以控制天空中最主要的云的数量多少。数值越小，主云越少；数值越大，主云越多。

低空云可在 0～1 之间调整，用以控制低空云的大小。数值越小，低空云越小；数值越大，低空云越大。

高空云可在 0～1 之间调整，用以控制高空云的大小。数值越小，高空云越小；数值越大，高空云越大。

云彩方向可在 0～6.3 之间调整，用以控制云彩的方向。

云彩亮度可在 0～1 之间调整，用以控制云彩的亮度。数值越小，亮度越低；数值越大，亮度越高。

云彩柔软度可在 0～1 之间调整，用以控制云彩边缘的柔软程度。数值越小，云彩边缘过渡越明显；数值越大，云彩边缘过渡越平缓。

低空云软化消除可在 0～1 之间调整，用以控制低空云的边缘软化程度。

天空亮度可在 0～1 之间调整，用以控制蓝天的亮度大小。数值越小，天空越暗；数值越大，天空越亮。

云预置可在 0～1 之间调整，用以控制云彩在各个预设中的切换。

高空云预置可在 0～1 之间调整，用以控制高空云的几种预设的切换。

总体亮度可在 0～10 之间调整，用以控制天空和云的整体亮度。数值越小，总体亮度越低；数值越大，总体亮度越高。

【凝结】打开凝结特效，可以调节植物、径长度和随机分布，如图 4-28 所示。

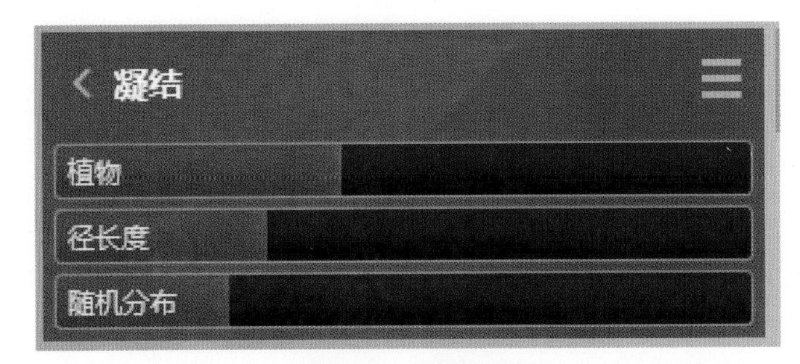

图 4-28　凝结参数

【体积云】打开体积云特效，通过调节云的数量、高度、柔化、亮度等滑块可以为场景创建不同样式的体积云特效,如图 4-29 所示。

图 4-29 体积云特效界面

数量可在 0～1 之间调整。数值越小,体积云的数量越少;数值越大,体积云的数量越多。

高度可在－250～＋250 之间调整。数值越小,体积云的高度越低;数值越大,体积云的高度越高。

柔化可在 0～1 之间调整。数值越小,柔化越淡;数值越大,柔化越明显。

去除圆滑可在 0～1 之间调整。数值越小,边缘圆滑越不明显;数值越大,边缘圆滑效果越明显。

位置可在 0～1 之间调节,用以调节体积云的方位。

速度可在 0～4 之间调节,用以调整体积云变化的快慢程度。

亮度可在 0～1 之间调节,用以调节体积云的亮度大小。

预设可在 0～1 之间调节,用以调整体积云在不同预设间的切换。

【地平线云】用以模拟场景中接近地平线位置的云彩形态,如图 4-30 所示。

数量可在 0～1 之间调整,用以控制地平线位置的云的数量多少。

类型可在 0～1 之间调整,用以控制地平线位置的云的类型。

图 4-30 地平线云特效界面

【月亮】在月亮特效中，可以设置月亮的高度、位置和月亮的尺寸。设置月亮特效之前，需要在编辑模式下，将天气面板中的太阳高度调整为夜晚，如图 4-31 所示。然后在新增特效面板中增加月亮特效进行设置。月亮特效包括月亮高度、月亮位置和月亮尺寸三个参数，调整它们的滑块来控制月亮的形态，如图 4-32 所示。

图 4-31 调整太阳高度为夜晚

图 4-32 月亮特效设置

月亮高度可在−90°～+90°之间调整，用以模拟月亮的高度。数值越小，月亮的高度越低；数值越大，月亮的高度越高。

月亮位置可在−180°～+180°范围内调整，用以模拟月亮的方位。

月亮尺寸可在 1X～15X 范围内调整，用以调整月亮的尺寸大小。

4. 物体

在物体特效面板中包含水、声音、层可见性、秋季颜色、变动控制等特效，如图 4-33 所示。

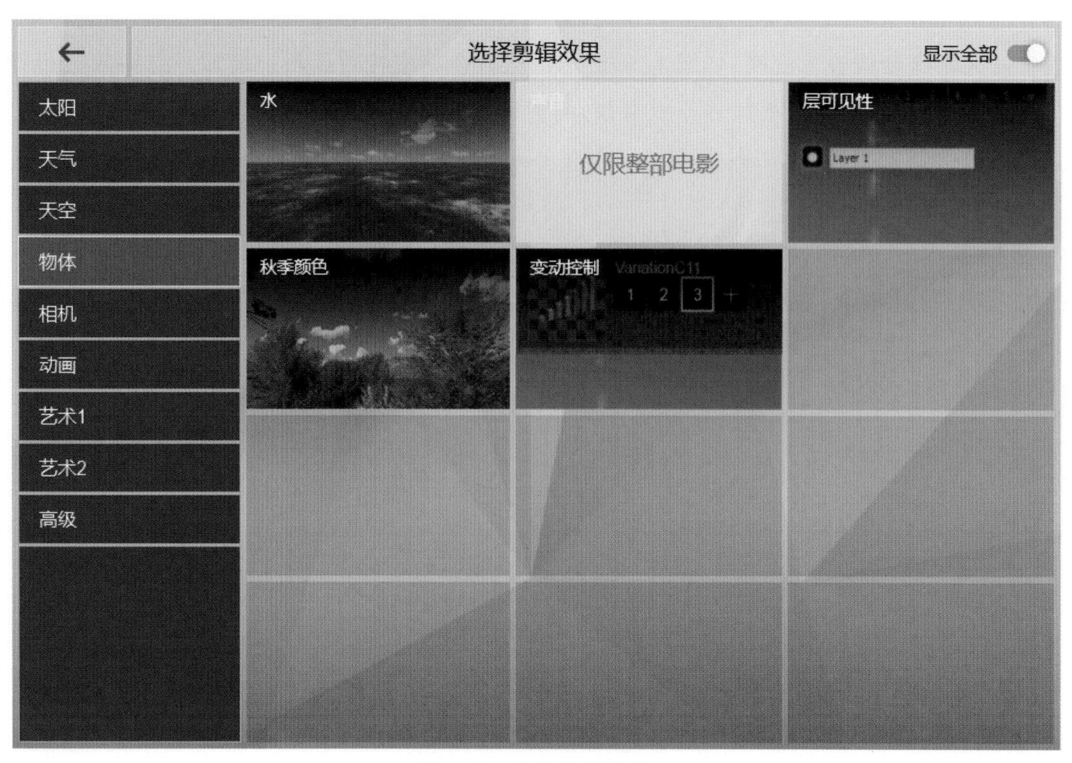

图 4-33 物体特效面板

【水】水特效可以为场景添加水下物体特效和海洋特效。

水下：开启水下特效，则场景物体完全放置于水下环境，如图 4-34 所示。海洋：开启海洋特效，则场景物体完全放置于海洋环境，如图 4-35 所示。

需要注意的是，开启或关闭水下特效不需要在编辑模式下创建水物体，而开启或关闭海洋特效必须要在场景模式下创建了海洋。

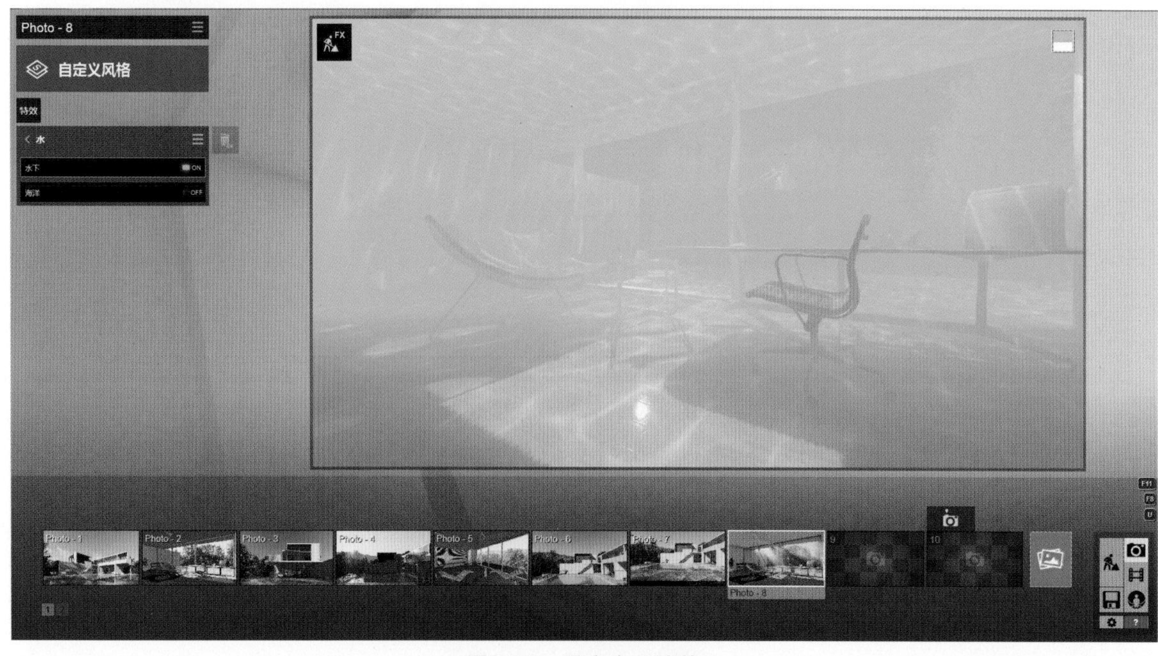

图 4-34 开启水下特效

图 4-35　开启海洋特效

【层可见性】可以控制在不同图层中创建的模型文件的显示与否，如图 4-36 所示。可以将不需要显示的图层关闭。

图 4-36　层可见性特效界面

【秋季颜色】打开秋季颜色特效，可以为场景进行色相、饱和度、范围、色相变化和层的调整，以模拟秋季场景特效，如图 4-37 所示。

色相的数值可在－3～3 之间调整，用以控制画面的色相，即颜色的 RGB 值。

饱和度的数值可在 0～3 之间调整，用以控制画面颜色的色彩艳丽程度。

范围可在 0～2 之间调整，用以控制秋季颜色影响的范围大小。

色相变化可在 0～3 之间调整，用以控制在不同色相之间变化。

层可在 0～20 之间调整。

图 4-37　秋季颜色特效界面

【变动控制】要创建变动控制特效，需要指定对象，如图 4-38 所示。

图 4-38　变动控制特效界面

当前变化的数值可在 0～10 之间调整。

5. 相机

相机特效面板中包含手持相机、曝光度、2 点透视、动态模糊、景深、镜头光晕、色散、鱼眼和移轴摄影九个特效(见图 4-39),其中灰显的动态模糊特效只能在动画模式下才可使用。

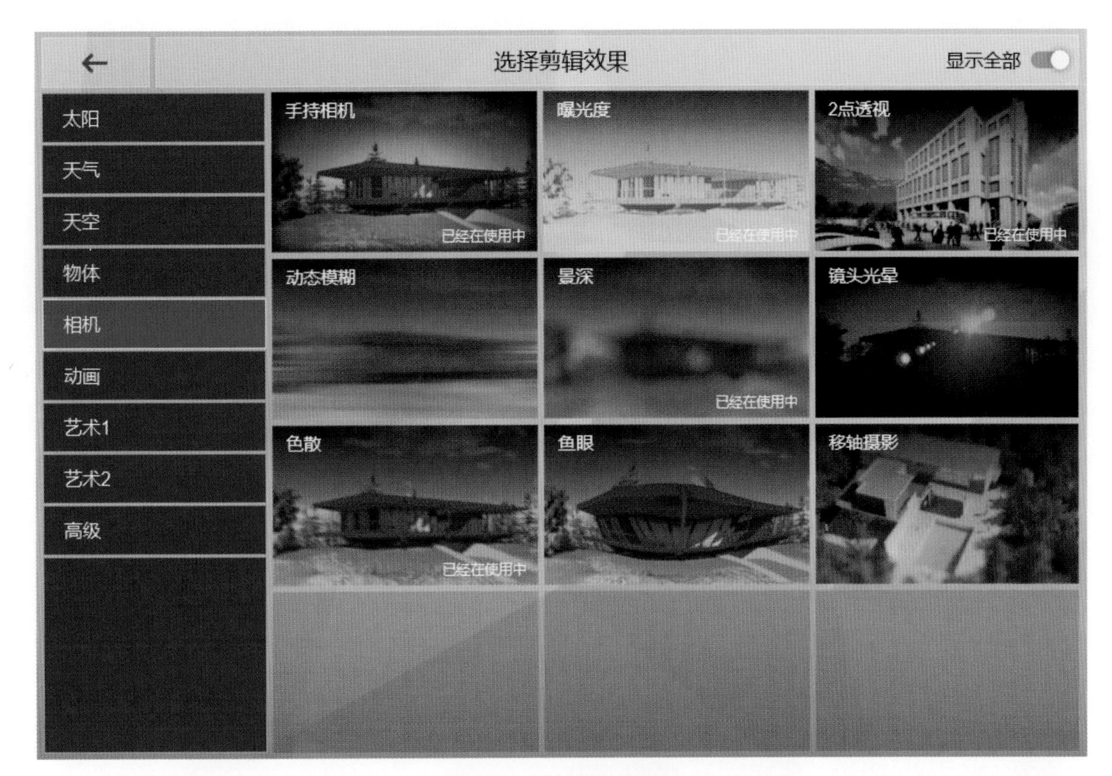

图 4-39 相机特效面板

【手持相机】添加手持相机特效,可以通过调节摇晃强度、胶片年龄、径向渐变 开/关、径向渐变饱和度、倾斜和焦距等滑块,为场景添加类似由人手持相机进行拍摄的各种情景,如图 4-40 所示。

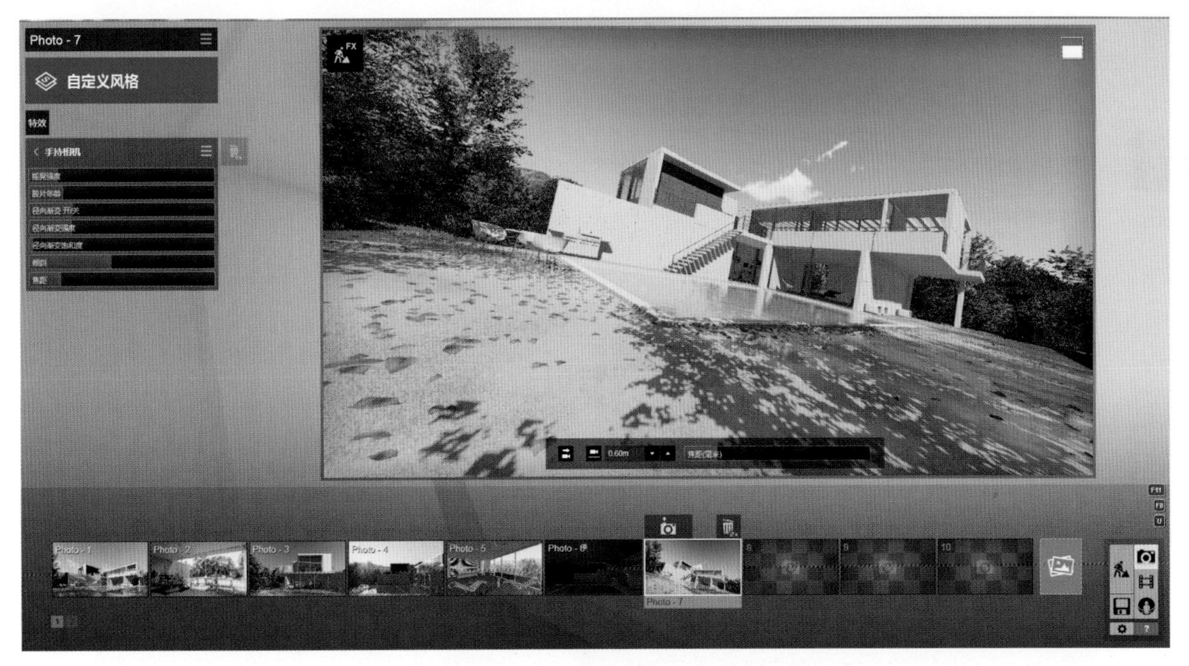

图 4-40 手持相机特效界面

摇晃强度可在 0~3 之间调整,用以模拟手持相机移动拍摄时画面抖动不稳的场景。一般数值越小,抖动越小;数值越大,抖动越明显。

胶片年龄可在 0～1 之间调节，用以模拟不同视频片段之间的切换淡入或淡出的效果表现。

径向渐变 开/关可在 0～1 之间调节。用以模拟场景沿径向的渐变效果。数值越小，径向变化越小；数值越大，径向变化越明显。

径向渐变强度可在 0～1 之间调节，用以控制径向的渐变程度。

径向渐变饱和度可在 0～1 之间调节，用以控制径向画面的饱和程度。

倾斜可在－90°～＋90°之间调节，用以模拟拍摄场景过程中相机的倾斜程度。

焦距可在 10～300mm 之间调节，用以模拟真实摄像机镜头的焦距大小。

【曝光度】添加曝光度特效，可以总体控制画面的曝光强度。正常曝光、曝光强度较低和曝光强度较高的图片对比，如图 4-41 所示。

曝光度可在 0～1 之间调节，用以模拟镜头的曝光度。数值较小，曝光不充分；数值较大，则曝光过度；数值为 0.5，曝光正常。

图 4-41　曝光度特效对比

续图 4-41

【2 点透视】2 点透视开启前后同角度位置下的画面对比，如图 4-42 所示，房屋的透视角度稍有变化。

图 4-42　2 点透视特效对比

亮点透视可以打开或关闭 2 点透视效果。

数量可在 0～1 之间调整，用以模拟 2 点透视的程度大小。

【景深】打开景深特效，可以调节相机焦距以及场景中前景与远景的关系。拖动参数滑块，调整数值大小，可以调整景深效果变化。如图 4-43 所示，位于前景的人物、椅子等物体非常清晰，而处于远景的房屋、树木等物体则较为模糊，以突显画面表现的重心。

图 4-43　景深特效界面

数量可在 0～1000 之间调整，用以设置景深效果影响的数量大小。数值越小，景深效果的焦点越近；数值越大，则景深效果的焦点越远。

前景/背景可在 0～1 之间调整，用以调整前景或背景范围。

对焦距离可在 0～1000m 之间调整，用以调整景深影响的距离大小。数值越小，景深效果距离镜头越近；数值越大，景深效果距离镜头越远。

锐化区域尺寸可在 0～100m 之间调整，用以调整区域范围内的锐化程度。

自动对焦可以开启或关闭自动对焦功能。

【镜头光晕】打开镜头光晕，可以为场景添加光晕效果。拖动参数滑块数值到合适的大小，可以观察到画面中镜头光晕的效果。在这里主要控制主亮度和泛光强度两个数值，泛光过渡效果，如图 4-44 所示。

图 4-44　镜头光晕特效界面

光斑强度可在 0～1 之间调整，用以控制光斑的强度大小。数值越小，光斑强度越小；数值越大，光斑强度越大。

光斑自转可在 0～1 之间调整，用以控制光斑自转角度。

光斑数量可在 0～15 之间调整，用以控制光斑数量的多少。数值越小，光斑的数量越少；数值越大，光斑的数量越多。

光斑散射可在 0～1 之间调整，用以控制光斑散射的效果。

光斑衰减可在 0～5 之间调整，用以调节光斑衰减的程度。数值越小，光斑衰减的越弱；数值越大，光斑衰减的越明显。

泛光强度可在 0～1 之间调整，用以控制泛光强度的大小。数值越小，泛光强度越小；数值越大，泛光强度越大。

主亮度可在 0～101 之间调整，用以控制光斑中主亮度的大小。数值越小，主亮度越低；数值越大，主亮度越高。

条形变形强度可在 0～1 之间调整，用以控制光斑中条纹状光斑的变形强度。

残像强度可在 0～1 之间调整，用以控制光斑中重影数量的多少。

独立像素亮度可在 0～1 之间调整，用以控制独立像素的亮度。

光环强度可在 0～1 之间调整，用以控制光环强度的大小。

镜头污迹强度可在 0～1 之间调整，用以调节镜头有无灰尘及其数量的多少。数值越小，镜头越干净；数值越大，镜头的灰尘量越多。

【色散】在色散特效界面，通过调整分散、影响范围和自成影滑块，为场景添加色散特效，如图 4-45 和图4-46 所示。

图 4-45　色散特效(室内)

分散可在 0～1 之间调整，用以控制色散的大小。数值越小，色散越不明显；数值越大，色散程度越高。

影响范围可在 0～1 之间调整，用以控制受色散影响的范围大小。

自成影可在 0～1 之间调整，用以控制物体色散自成影的大小。

图 4-46　色散特效(现实的)

【鱼眼】打开鱼眼特效,可以将场景以中心为基点进行扭曲变形,以达到鱼眼的视觉特效,如图 4-47 所示。

图 4-47　鱼眼特效界面

扭曲可在 0~1 之间调节。当数值为 0 时,无鱼眼效果;当数值为 1 时,鱼眼效果最明显。

【移轴摄影】以轴线为中心区域保持画面清晰,而远离轴线位置则被虚化处理。可以通过控制数量来控制影响强度,通过控制变换量和旋转来控制轴线的位置,通过锐化区域尺寸控制其影响范围,如图 4-48 所示。

数量可在 0~1 之间调节。数值越小,移轴摄影特效越不明显;数值越大,移轴摄影特效越明显。

变换量可在 0~1 之间调节。数值越小,移轴摄影变换量特效越不明显;数值越大,移轴摄影特效变换量越大。

旋转可在 0~1 之间调节。数值越小,移轴摄影特效的旋转效果越不明显;数值越大,移轴摄影特效的旋转效果越明显。

锐化区域尺寸可在 0～1 之间调节。数值越小，移轴摄影特效的锐化区域范围越小；数值越大，移轴摄影特效的锐化区域范围越大。

图 4-48　移轴摄影特效界面

6. 动画

在拍照(照片)模式下，动画特效只有动画灯光颜色和时间扭曲可用，其他特效仅在动画模式下才可使用。动画特效面板如图 4-49 所示，其中各特效的介绍见项目 5。

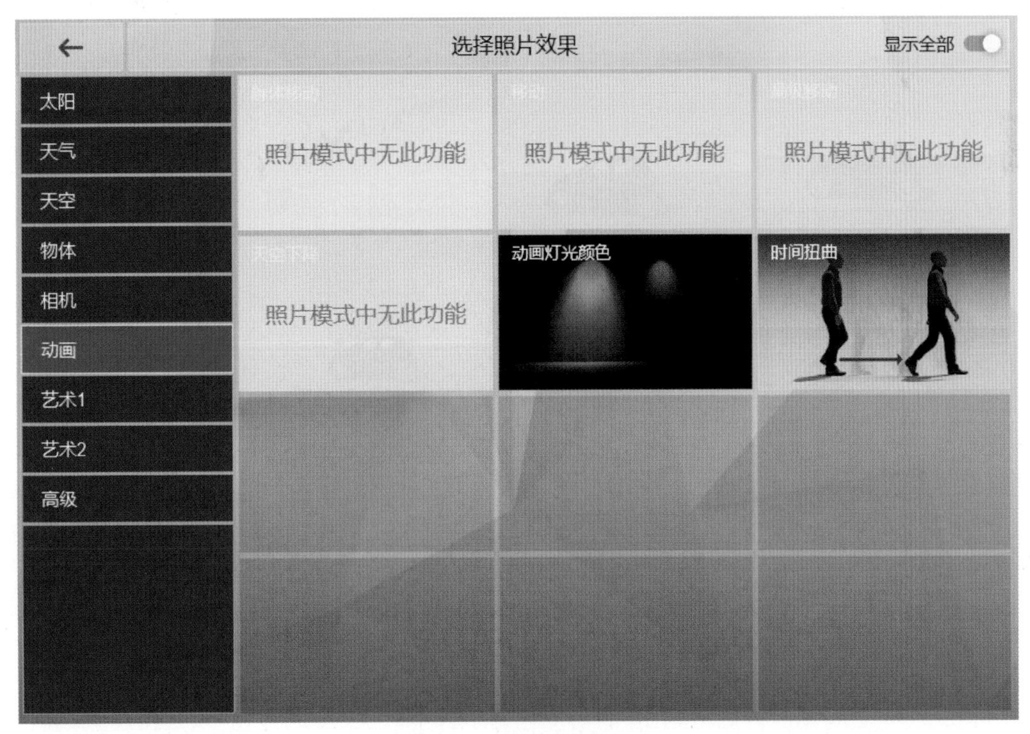

图 4-49　动画特效面板

7. 艺术 1

艺术 1 特效面板如图 4-50 所示。

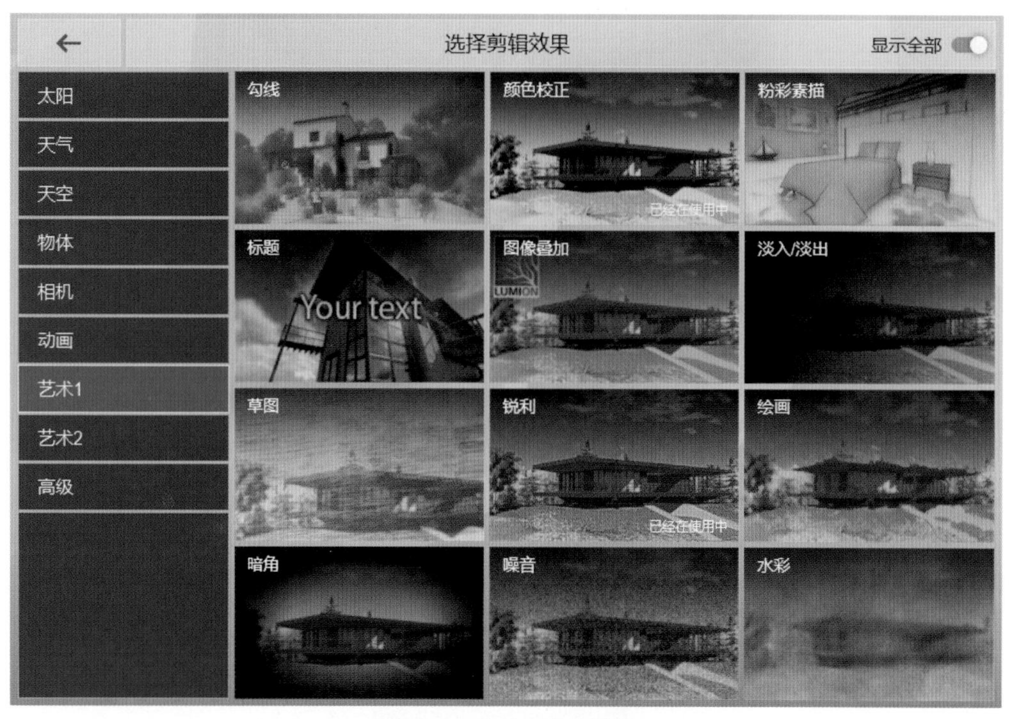

图 4-50　艺术 1 特效面板

【勾线】打开勾线特效，可为场景创建被线条勾勒的效果，如图 4-51 所示。可以根据需要调整勾勒线条的颜色、透明度和边线宽度。

图 4-51　勾线特效界面

颜色变化可在 0～2 之间调节。数值越小，颜色变化越小，即颜色保持原有色彩；数值越大，颜色变化越大，即颜色过渡为黑白色。

透明度可在 0～2 之间调节。数值越小，透明度越小；数值越大，透明度越大。

边线宽度可在 0～2 之间调节，用以控制轮廓的清晰度。调整勾选参数后，场景的效果如图 4-52 所示。

图 4-52　勾线特效

【颜色校正】打开颜色校正特效界面，可以调节温度、着色、颜色校正、亮度、对比度、饱和度、伽玛校正、限制最低值和限制最高值滑块来控制画面的细节表现，使场景更丰富、更具表现力，如图 4-53 所示。

图 4-53　颜色校正特效界面

温度可在－1～＋1 之间调节，用以控制场景的冷暖色调。数值越小，环境冷色调越重；数值越大，环境暖色调越重；数值为 0 时，冷色调与暖色调平衡。

着色可在－1～＋1 之间调节，用以控制场景的颜色范围。

颜色校正可在 0～2 之间调节，用以调整场景的颜色偏移校正效果。

亮度可在 0～1 之间调节，用以调整场景的亮度。数值越小，亮度越低；数值越大，亮度越高。

对比度可在 0～1 之间调节，用以调整场景的颜色对比度。数值越小，对比越弱；数值越大，对比越强烈。

饱和度可在 0～1 之间调节，用以调整场景的颜色饱和度。数值越小，饱和度越弱；数值越大，饱和度越明显。

伽玛校正可在 0.1～3 之间调节，用以控制场景伽玛值的大小。数值越小，场景越黑；数值越大，场景越亮。

限制最低值可在 0～1 之间调节，用以控制场景的暗部颜色亮度。数值越小，场景的暗部越暗；数值越大，场景的暗部越亮。

限制最高值可在 0～1 之间调节，用以控制场景的亮部颜色亮度。数值越小，场景的亮部范围越大；数值越大，场景的亮部范围越小。

【粉彩素描】打开粉彩素描特效，可为场景创建粉彩或素描的效果，如图 4-54 所示。控制其细节效果的滑块主要包括精度、概念风格、边线宽度、线段长度、边线淡出、边线风格、白色边线、彩色边沿、深度边沿和边缘厚度。

图 4-54　粉彩素描特效界面

【图像叠加】添加图像叠加特效后，可以为画面添加一个新"图层"。点击 图标，指定所添加图片的路径。如图 4-55 所示，在主画面中还能隐约看到一个人物场景图片。

图 4-55　图像叠加特效界面

【草图】打开草图特效界面，可以为场景创建草图风格的特效。通过调节精度、草图风格、对比度、染色、轮廓淡出和动态等滑块来控制细节，如图 4-56 所示。需要注意的是，动态滑块可以控制创建草图过程的完成度。

图 4-56 草图特效界面

精度可在 0～2 之间调节，用以控制草图精度。数值越小，精度越低；数值越大，精度越高。

草图风格可在 0～2 之间调节，用以控制草图风格。数值越小，草图风格越不明显；数值越大，草图风格越明显。

对比度可在 0～2 之间调节，用以控制场景颜色的对比度。数值越小，对比度越弱；数值越大，对比度越强。

染色可在 0～2 之间调节，用以控制染色精度。数值越小，染色越不明显；数值越大，染色越明显。

轮廓淡出可在 0～2 之间调节，用以控制轮廓淡出效果。数值越小，淡出效果越不明显；数值越大，轮廓淡出效果越明显。

动态可在 0～2 之间调节，用以控制在动态播放条件下的动作效果。数值越小，动态效果越不明显；数值越大，动态效果越明显。

【锐利】添加锐利特效，可以调节强度滑块来控制画面中材质的锐利程度，如图 4-57 所示。

图 4-57 锐利特效界面

锐利只有一个强度参数，它可以在 0～2 之间调节，用以控制场景的锐利程度。数值越小，锐利程度越低；数值越大，锐利程度越强。

【绘画】打开绘画特效，可以为场景创建绘画的效果。在这里可以通过调整涂抹尺寸、风格、印象、细节和随机偏移的滑块来控制画面细节，如图 4-58 所示。

图 4-58 绘画特效界面

涂抹尺寸可在 0～2 之间调节，用以控制绘画特效涂抹的尺寸大小。数值越小，涂抹尺寸越小；数值越大，涂抹尺寸越大。

风格可在 0～2 之间调节，用以控制绘画特效不同的风格。

印象可在 0～2 之间调节，用以控制绘画特效印象大小。数值越小，印象派风格越弱；数值越大，印象派风格越强烈。

细节可在 0～2 之间调节，用以控制绘画特效细节表现。数值越小，细节表现越不突出；数值越大，细节表现越明显和突出。

随机偏移可在 0～2 之间调节，用以控制绘画特效的随机效果。数值越小，随机偏移越不明显；数值越大，随机偏移越明显。

【暗角】添加暗角特效，通过调整暗角强度和暗角柔化的滑块，可以为画面四角和周围添加变暗的特殊效果，如图 4-59 所示。

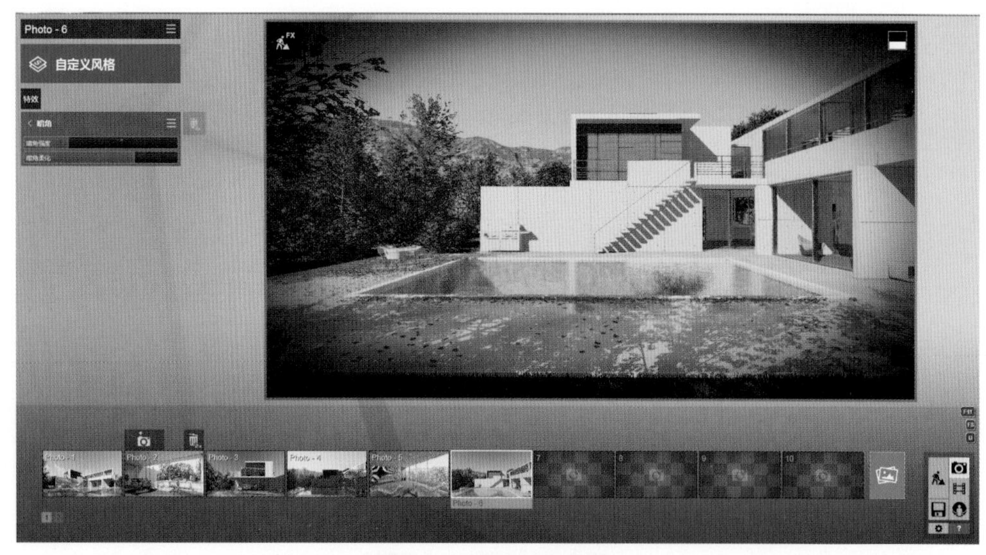

图 4-59 暗角特效界面

暗角强度可在 0～1 之间调节，用以控制暗角的强度大小。数值越小，暗角范围和大小就越小；数值越大，暗角的范围和大小就越大。

暗角柔化可在 0～1 之间调节，用以控制暗角的边缘柔化效果。数值越小，暗角边缘柔化程度就越弱；数值越大，暗角边缘柔化过渡范围就越大。

【噪音】添加噪音特效，通过调整泛光和锐利，可以为画面添加噪点颗粒效果，如图 4-60 所示。

图 4-60　噪音特效界面

【水彩】打开水彩特效，通过调整精度、径向精度、深度精度、距离、白色增益和动态的滑块可以为场景创建水彩的效果，如图 4-61 所示。

图 4-61　水彩特效界面

精度可在 0～2 之间调节，主要控制水彩特效的精度大小。数值越小，精度越低；数值越大，精度越高。

径向精度可在 0～2 之间调节，主要控制水彩特效的径向精度大小。数值越小，径向精度越低；数值越大，径向精度越高。

深度精度可在 0～2 之间调节，主要控制沿深度方向的精度大小。数值越小，深度方向的精度越低；数值越大，深度方向的精度越高。

距离可在 0～2 之间调节，主要控制水彩特效距离远近。数值越小，距离越近；数值越大，距离越远。

白色增益可在 0～2 之间调节，主要控制画面白化的程度。数值越小，白化度越低；数值越大，白化度越高。

动态可在 0～2 之间调节，主要控制在动画模式下水彩特效的动态效果。数值越小，动态程度越低；数值越大，动态程度越高。

8. 艺术 2

艺术 2 特效面板中包括泛光、模拟色彩实验室、漫画 1、泡沫、选择饱和度、漂白、漫画 2、材质高亮、蓝图和油画特效，如图 4-62 所示。

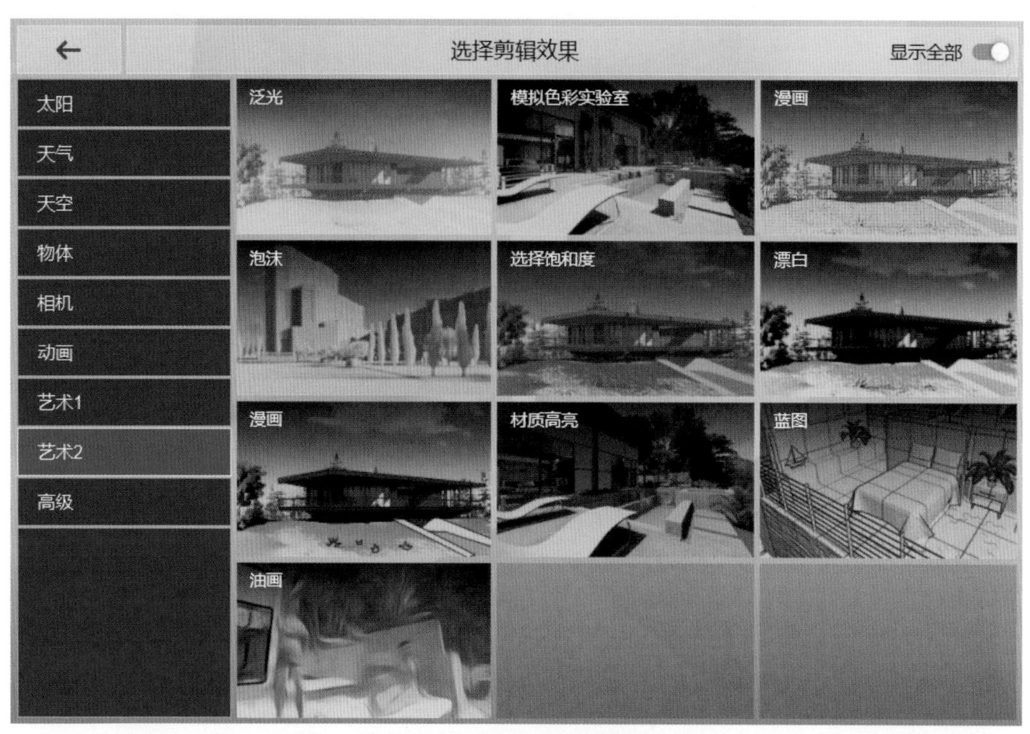

图 4-62 艺术 2 特效面板

【泛光】添加泛光特效后，可以为场景中的高光物体和部位添加比较强烈的泛光特效。画面中白色的墙面等部位出现比较明显的泛光现象，如图 4-63 所示。

图 4-63 泛光特效界面

数量可在 0～5 之间调节，用于控制泛光特效的数量大小。数值越小，泛光效果越不明显；数值越大，泛光效果越明显。图 4-64 和图 4-65 分别是数值设置为 0 和 1 时的泛光效果。

图 4-64 数值设置为 0 时的泛光效果

图 4-65 数值为 1 时的泛光效果

【模拟色彩实验室】添加模拟色彩实验室特效，通过调整风格与数量滑块，可以调整画面的整体色彩以表现出多样的画面风格，如图 4-66 所示。

风格可在 0～5 之间调节，用于调整不同的色彩风格。

数量可在 0～5 之间调节，用于调整色彩风格的数量。数值越小，效果越不明显；数值越大，效果越明显。

【漫画】在艺术 2 特效中有两种漫画特效，这两种漫画特效都可以为场景创建漫画效果，但是它们的设置方式却有差异。

图 4-66　模拟色彩实验室特效界面

第一种漫画特效包含填充方法、描边 vs 填充、色调数、染色和图案几个参数，如图 4-67 所示。

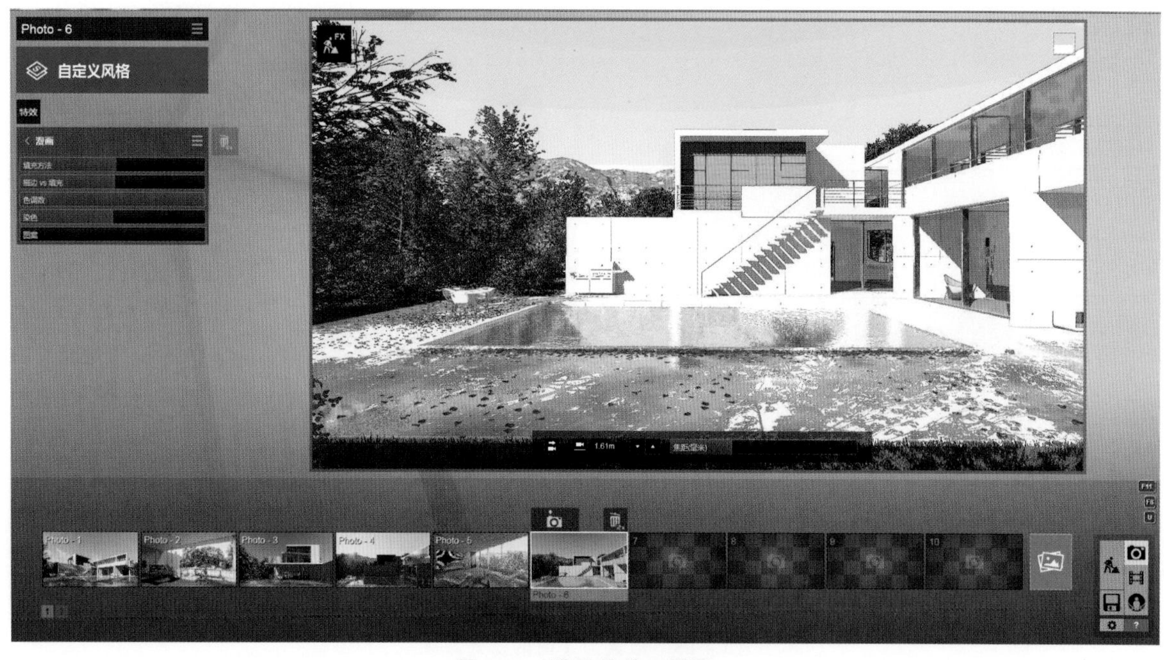

图 4-67　漫画特效 1 界面

填充方法可在 0～2 之间调整，用以模拟漫画特效的填充方法。数值越小，色彩过渡越柔和；数值越大，色彩过渡越明显，色块间的变化越大。

描边 vs 填充可在 0～2 之间调整，用以模拟漫画特效的轮廓和填充效果的强弱程度。数值越小，轮廓和填充越不明显；数值越大，轮廓和填充越明显。

色调数可在 0～2 之间调整，用以模拟漫画特效的色调数值大小。

染色可在 0～2 之间调整，用以模拟漫画特效中染色效果的强弱程度。数值越小，染色越不明显；数值越大，染色效果越明显。

图案可在 0～2 之间调整，用以模拟漫画特效的画布图案效果。数值越小，画布显现得越不明显；数值越大，画布显现得越明显。

第二种漫画特效包含边线宽度、边线透明度、色调分离-量、色调分离-曲线、色调分离-黑色级别、饱和度和白色填充几个参数，如图 4-68 所示。

图 4-68　漫画特效 2 界面

边线-宽度可在 0～2 之间调节，用以控制场景物体轮廓边缘的宽度值。数值越小，轮廓宽度越小；数值越大，轮廓宽度也越大。

边线-透明度可在 0～2 之间调节，用以控制场景物体轮廓边缘的透明度。数值越小，轮廓透明度越低；数值越大，轮廓透明度越高。

色调分离-数量可在 0～2 之间调节，用以控制场景色调分离强度。数值越小，色调分离数量越小；数值越大，色调分离数量越大。

色调分离-曲线可在 0～2 之间调节，用以控制场景色调分离程度。数值越小，色调分离曲线越弱；数值越大，色调分离曲线越强。

色调分离-黑色级别可在 0～2 之间调节，用以控制场景色调分离黑色的程度。数值越小，色调分离黑色的程度越弱；数值越大，色调分离黑色的程度越强。

饱和度可在 0～2 之间调节，用以控制场景色调饱和度大小。数值越小，饱和度越小；数值越大，饱和度越大。

白色填充可在 0～2 之间调节，用以控制场景白色影响范围大小。数值越小，白色影响范围越小；数值越大，白色影响范围越大。

【泡沫】添加泡沫特效，可以将场景中的物体赋予泡沫塑料的质感，还可通过调整颜色，以表现不同颜色的泡沫塑料的质感，如图 4-69 所示。

漫射可在 0～1 之间调节，用以模拟泡沫特效中物体对环境的影响程度。数值越小，环境中整体泡沫效果越不明显；数值越大，环境中整体泡沫效果越明显。

减少噪点可在 0～1 之间调节，用以模拟泡沫特效中噪点的多少。数值越小，噪点越多；数值越大，噪点越少。

图 4-69 泡沫特效界面

【选择饱和度】打开选择饱和度特效界面，可以通过颜色选择、范围、饱和度、黑暗、残余颜色饱和度下降几个滑块调整场景的饱和度，如图 4-70 所示。

图 4-70 选择饱和度特效界面

颜色选择可在 0～1 之间调节，用以模拟颜色饱和度的变化程度。

范围可在 0～1 之间调节，用以模拟饱和度影响范围的大小。数值越小，饱和度影响范围越小；数值越大，饱和度影响范围越大。

饱和度可在 0～1 之间调节，用以模拟饱和度的强弱程度。数值越小，饱和度越低；数值越大，饱和度越高。

黑暗可在 0～1 之间调节，用以模拟饱和度的明暗变化程度。数值越小，饱和度越亮；数值越大，饱和度越暗。

残余颜色饱和度下降可在0～1之间调节，用以模拟饱和度的参与颜色的饱和变化程度。数值越小，残余颜色饱和度下降越不明显；数值越大，残余颜色饱和度下降越明显。

【漂白】添加漂白特效，通过调整数量滑块，可对场景中的画面进行过滤漂白，如图4-71所示。

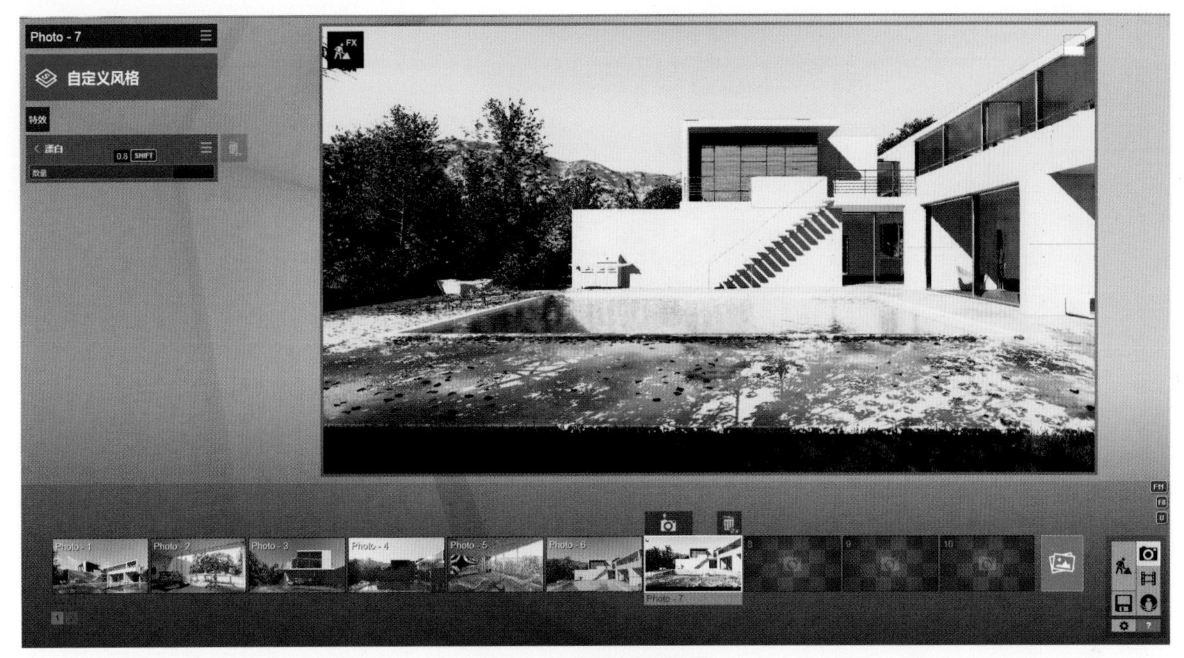

图4-71　漂白特效界面

数量可在0～1之间调节，用以控制场景的漂白程度。数值越小，漂白的效果越弱；数值越大，漂白的效果越强。

【材质高亮】添加材质高亮特效，可以为场景中的物体进行材质替换并高亮显示。如图4-72所示，地毯已被黄色亮显材质所替代。

图4-72　材质高亮特效界面

点击 图标用以指定设置材质高亮的对象。颜色色板可调节被选择对象的颜色。

风格可在 0～1 之间调节，用以增加风格化显示效果。数值越小，风格化程度越低；数值越大，风格化程度越高。

【蓝图】打开蓝图特效界面，可以调整时间滑块来控制蓝图生成某个时间节点时场景的效果，还可调整网络缩放来控制画面中网络线条的间距与线性变化，如图 4-73 所示。

图 4-73　蓝图特效界面

时间可在 0～1 之间调节，用以控制模拟绘制蓝图的过程阶段。数值越小，绘制蓝图的时间越靠前；数值越大，绘制蓝图的时间越靠后。

网络缩放可在 0～2 之间调整，用以控制网络效果。数值越小，网络越稀疏；数值越大，网络越稠密。

【油画】打开油画特效界面，调整绘画风格、笔刷细节和硬边缘三个滑块可以控制画面形态，为场景创建出油画的特殊艺术效果，如图 4-74 所示。

图 4-74　油画特效界面

绘画风格可在0～1之间调节，用以控制油画风格强度。数值越小，油画的绘画风格扭曲越明显；数值越大，油画的绘画风格越细腻。

画刷细节可在0～1之间调节，用以控制油画的细节表现。数值越小，油画画笔的细节表现越粗放；数值越大，油画画笔的细节表现越细腻。

硬边缘可在0～1之间调节，用以控制油画画笔边缘的硬边效果。数值越小，油画画笔的边缘越"软"；数值越大，油画画笔的边缘越"硬"。

【所有艺术家风格】可以设置场景的不同类型的艺术家风格，主要包括塞尚风格、埃尔格列柯风格、高更风格、康定斯基风格、莫奈风格、莫里索风格、毕加索风格和罗伊里奇风格。点击风格图片，即可打开更多艺术家风格选项面板，如图4-75所示。

图4-75　所有艺术家风格

9. 高级

高级特效面板中包括阴影、并排 3D 立体、反射、打印海报增强器、天空光、超光、近剪裁平面和全局光等特效种类。

【阴影】利用阴影特效工具可以调整太阳阴影的范围、染色、亮度、室内/室外、阴影校正等的效果。

太阳阴影范围：可在 156M～4000M 之间调节，用以控制太阳阴影范围的大小，表现阴影的细腻或粗糙程度。数值越小，太阳形成的阴影越清晰；数值越大，则太阳形成的阴影越模糊。

染色：可在 0～3 之间调节，用以调节阴影的色调。数值越小，阴影染色越偏于暖色调；数值越大，阴影越偏向于冷色调。

亮度：用于调节阴影的亮度，其数值可在 0～1 之间调整。数值越小，阴影越暗；数值越大，阴影越亮。

omnishadow：可在 0～3 之间调节，用于调节物体暗部区域阴影的亮度大小。数值越小，阴影影响范围内的阴影越不清晰；数值越大，阴影影响范围内的阴影越清晰。omnishadow 数值分别为 0、1、3 时阴影暗部的表现如图 4-76 所示。

图 4-76 omnishadow 数值分别为 0、1、3 时阴影暗部的表现

阴影校正：用于校正 3D 模型和阴影之间的距离偏差大小。

柔和阴影开关选项，用以控制阴影柔和与否。该选项只能在影子类型为"法线"时才可启用。当关闭该选项时，阴影没有柔和表现；当打开时，阴影将会柔和过渡。

精致细节阴影开关选项，用以控制物体细节处的阴影表现。当关闭该选项时，有些物体阴影细节被忽略；当开启时，有些物体阴影细节被增强表现。

调整参数滑块数值，将产生不同的特效。太阳特效中的阴影和阴影特效中的阴影效果对比，如图 4-77 所示。

图 4-77 两种阴影特效对比

续图 4-77

【并排3D立体】因为只有在动画模式下可用，故在项目5中介绍。

【反射】反射特效用于产生物体反射周围环境及物体的特效，常用于地板、瓷砖、镜面、玻璃、金属等物体的表现。

反射特效的设置，首先需要在创建(编辑)模式下，对物体赋予材质后调整其反射率与光泽等参数，如图4-78所示；然后在材质面板中指定反射对象，如图4-79所示；最后在拍照模式下进入特效面板添加反射特效，只有指定物体后才可使物体具有反射效果，如图4-80所示。

减少闪烁：可在0.1～100之间调节，用以控制发射闪烁程度。

发射阈值：可在1～25之间调节，用以调节发射阈值大小。

图 4-78　在创建模式下为地板添加光泽与反射

图 4-79　在材质面板中指定反射对象

图 4-80　在拍照模式下为地板添加反射特效

【打印海报增强器】特效面板如图 4-81 所示。

图 4-81　打印海报增强器特效面板

【天空光 2】天空光 2 特效主要用于模拟天空中由空气反射、折射产生的光，如图 4-82 所示。面板中亮度和饱和度的值通过滑块来调节。面板中还有“天空光照在平面反射中”和“天空光在投射反射中”两个可开启和关闭的选项，根据画质的效果可以选择三种不同的渲染质量，如图 4-82 所示。

图 4-82　天空光 2 特效界面

亮度：可在 0～2 之间调节，用以控制天空光的亮度。数值越小，天空光的亮度越低；数值越大，天空光的亮度越高。

饱和度：可在 0～2 之间调节，用以控制天空光的饱和度。数值越小，天空光的饱和度越低；数值越大，天空光的饱和度越高。

【超光】超光特效用于控制太阳光在室内的进光量和反弹次数，如图 4-83 所示。

图 4-83　超光特效界面

数量：可在 0～100 之间调节。数值越小，太阳光进入室内的进光量和反弹次数越少，场景越暗；数值越大，太阳光进入室内的进光量和反弹次数越多，场景就越亮。

【近剪裁平面】打开近剪裁平面特效，可以对场景进行平面剪裁，以达到剖切视图的效果，如图 4-84 所示。

图 4-84 近剪裁平面特效界面

近剪裁平面可在 0.1～10m 之间调节，用以控制近剪裁平面距离镜头的远近。数值越小，距离镜头越近；数值越大，距离镜头越远。

【全局光】在项目 5 中介绍。

项目5

Lumion 10.0动画漫游

任务1　动画界面介绍

点击软件界面右下角的 图标，即可进入动画模式，如图 5-1 所示。在动画模式下，有四个图标：

左侧的 图标，表示该状态为多段视频剪辑显示状态。点击方向箭头可调整剪辑片段的显示位置。

点击 图标，可进入视频、动画录制模式。

点击 图标，可在视频剪辑中插入图片文件。

点击 图标，可在视频剪辑中插入已有的视频文件。

图 5-1　Lumion 10.0 动画模式

任务2　动画录制

鼠标左键点击 图标，即可捕捉关键帧以生成动画片段，如图 5-2 所示。

在录制面板中，找到合适的视点和角度，点击 + 图标以创建关键帧，然后在视图区移动视图位置后再次点击 + 图标可创建下一个关键帧，依此操作可捕捉多个关键帧。

要对已创建好的关键帧调整角度和位置，可选择当前关键帧，点击其上侧的刷新图标，来刷新（更新）该关键帧。若需要删除该关键帧，可以在选择该关键帧后单击下面的图标删除。

在创建多个关键帧后，软件会自动在关键帧之间生成连续动画，点击图标可播放视频片段，查看动画效果。点击和图标，可切换缓入流畅和缓入线型来切换视频播放的不同连续性。在录制过程中，在 6.66s 图标中，可通过点击方向箭头或者直接输入时间，来调整当前视频剪辑的播放时长。

在视图区中，点击图标，可设置视线水平高度；点击图标，可设置视线水平高度为 1.60m；点击 1.80m 图标，可直接输入视线高度值；点击或图标，可上下移动视线高度；拖动 焦距(毫米) 焦距滑块可调整焦距。

调整好该动画片段后，点击视图右下角的按钮保存，生成动画片段，或者点击图标删除或者退出当前视频剪辑的编辑。

图 5-2 创建动画视频剪辑

任务 3 动画模式下特效的制作

在动画模式下很多特效的添加方式与生成的效果和拍照模式下的操作完全一样，在此不再赘述。以下内容只对仅属于动画模式下才有效的特效进行介绍。

1. 天气

【风】风特效只能在动画模式下才可使用，通过调节叶面风力来表现风的特效，如图5-3所示。

图5-3　风特效面板

风特效只有一个参数，即叶面风力，其数值可在0～0.5之间调节。在动画模式下，可以表现树叶随风飘动的强度。

2. 物体

【声音】仅对整部电影有效。在动画模式下，点击图标后，可为整个视频添加声音，如图5-4所示。

图5-4　声音特效界面

3. 相机

【动态模糊】可模拟在快速移动状态下相应场景出现的模糊特效。动态模糊只有一个数量参数，如图5-5所示。

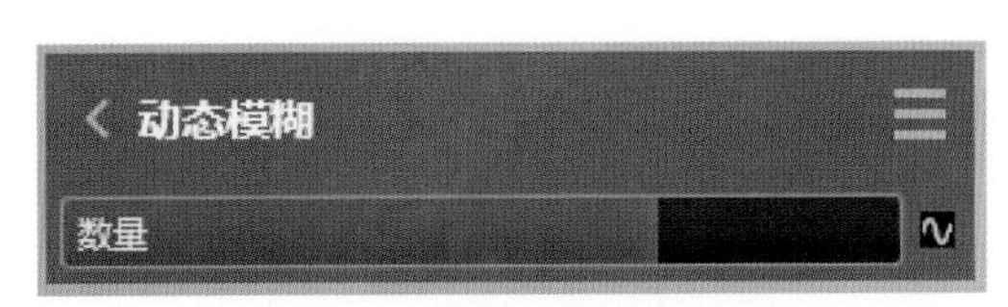

图5-5　动态模糊控制面板

数量可在0～3之间调节，用以控制动态移动镜头时或运动时物体的模糊程度。

添加动态模糊特效后的效果如图 5-6 所示。

图 5-6 添加动态模糊特效后的效果

4. 动画

动画特效包括群体移动、移动、高级移动、天空下降、动画灯光颜色和时间扭曲几个特效，如图 5-7 所示。

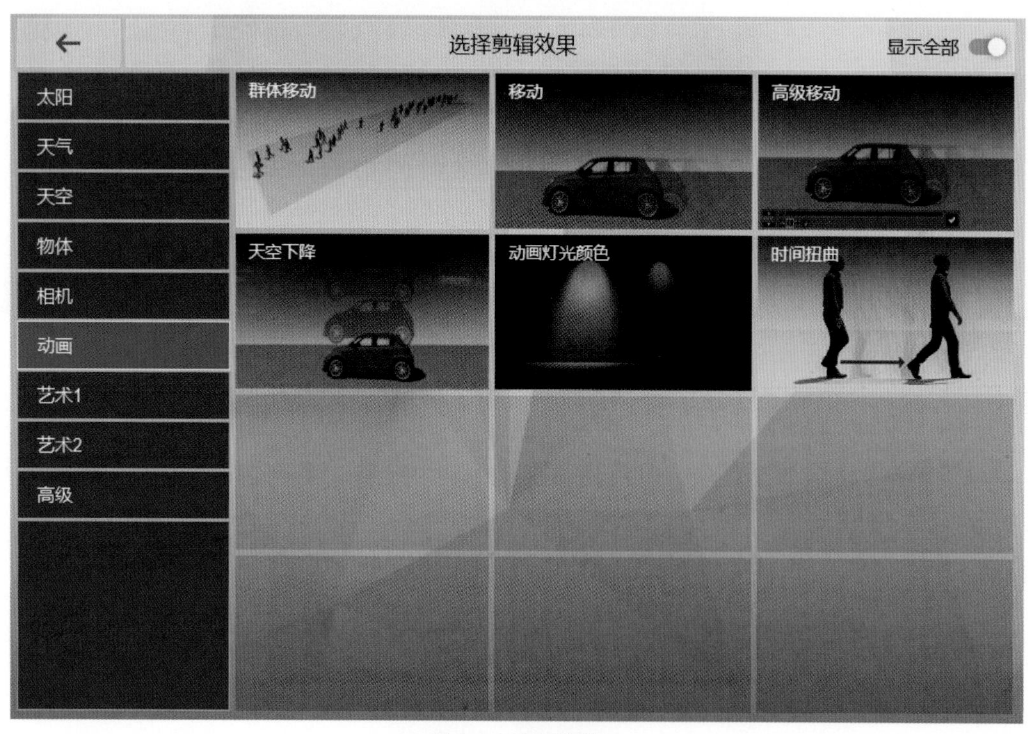

图 5-7 动画特效

【群体移动】用以移动群体的运动轨迹，主要包括对人、车辆等运动物体的移动方向和范围的调整，如图 5-8 所示。

图 5-8　群体移动特效界面

点击 图标，用以指定移动的物体的范围和方向。点击 图标，可放置群体移动的范围、方向。点击 图标，可以移动群体移动的位置，如图 5-9 所示；点击 图标，可删除群体移动特效范围。

图 5-9　群体移动特效的设置

还可通过调节“路径宽度”滑块和“车辆/模型速度”滑块来控制群体移动的速度。

可以进行群体移动的对象包括人、车辆和载入项目的模型。

应当注意的是，群体移动特效可以对原来静止的车辆在移动范围内设置移动特效。

【移动】可用于单个指定移动对象的特效设置，如图 5-10 所示。

图 5-10　移动特效设置

单击 图标可以指定移动物体对象。

为对象指定初始位置， 为对象指定移动终点位置。

分别表示移动、垂直移动、绕 Y 轴旋转、缩放、绕 X 轴旋转和绕 Z 轴旋转。

指定完移动对象后点击确认或取消按钮。

【高级移动】高级移动特效面板如图 5-11 所示。

图 5-11　高级移动特效面板

点击 按钮，用以指定进行高级移动设置的对象，在此可以对移动对象进行调节，如图 5-12 所示。

图 5-12　高级移动特效设置

【天空下降】用以模拟从天空掉落物体的特效，其面板如图 5-13 所示。

点击 按钮，用以指定需要进行掉落效果设置的物体或对象。

图 5-13　天空下降特效面板

偏移可在 0～1000 之间进行调节，用以调节下降物体或对象的偏移距离。

持续时间可在 1～1000 之间进行调节，用以调节下降的持续时间。

间距可在 0～100 之间调节，用以调节下降的间距大小。

【动画灯光颜色】打开动画灯光颜色特效界面，可以为场景中的灯光设置不同的颜色，如图 5-14 所示。

需要注意的是，若要模拟聚光灯颜色特效，就需要将太阳调整到夜晚状态，并且点击聚光灯特效中的  图标后，再指定场景中的聚光灯，该功能才有效。

图 5-14 指定部分灯光颜色特效下画面的效果

红色、绿色、蓝色即 RGB 值。RGB 色彩模式是工业界的一种颜色标准，是通过对红(R)、绿(G)、蓝(B)三个颜色通道的变化以及它们相互之间的叠加来得到各式各样的颜色的，RGB 代表红、绿、蓝三个通道的颜色，这个标准几乎包括了人类视力所能感知的所有颜色，是目前运用最广的颜色系统之一。调整 RGB 值，可以调整灯光的颜色。

在调整灯光颜色前，需先指定灯光，如图 5-15 所示。

图 5-15 指定灯光

【时间扭曲】时间扭曲特效面板中有两个调整滑块，分别是“偏移已导入带有动画的角色和动物”和“偏移已导入带有动画的模型”，如图 5-16 所示。

偏移已导入带有动画的角色和动物：可以在－10S～＋10S 之间调节，用以调整角色和动画的偏移时间。

偏移已导入带有动画的模型：可以在－50S～＋50S 之间调节，用以调整模型的偏移时长。

图 5-16　时间扭曲特效界面

5. 艺术 1

在艺术 1 特效面板中,“标题”和“淡入/淡出”特效仅在动画模式下才可使用。

【标题】可为场景添加标题文字,如图 5-17 所示。

图 5-17　标题特效界面

【淡入/淡出】淡入/淡出特效界面如图 5-18 所示。

持续时间(秒):可在 0s～10s 之间调整,用以表现不同视频剪辑之间的过渡效果。

输出持续时间(秒):可在 0s～10s 之间调整,用以调整视频剪辑的输出持续时间。

淡入/淡出特效的设置中还有黑色、白色、模糊和黑色模糊四种过渡颜色方案。

图 5-18 淡入/淡出特效界面

6. 高级

在高级特效面板中，并排 3D 立体特效仅在动画模式下的整部电影条件下才可使用。另外，全局光特效可针对单个剪辑添加。

【并排 3D 立体】需要点击 图标，选择整个动画。其界面如图 5-19 所示。

图 5-19 并排 3D 立体特效界面

眼距可在 0～1 之间调节，对焦距离可在 0～100 之间调节。还可设置“左-右”或“右-左”模式。

【全局光】全局光特效一般较适合用于室内光线的表现。在其面板中选择灯光，可以调整阳光量、衰减速度、减少斑点等参数，如图 5-20 所示。

阳光量用以控制阳光强烈程度，数值在 0～5000 之间。当数值为 0 时，画面表现为初始亮度值；当数值调大以后，整体画面亮度就会提亮甚至产生曝光过度的效果。

衰减速度的数值可在 0～5000 之间调整，用以控制全局光随距离的衰减速度值。
减少斑点的数值可在 0～5 之间调整，用以减少全局光照射中产生的画面斑点问题。
阳光最大作用距离的数值可在 0～1000 之间调整，用于控制全局光影响的范围大小。
预览点光源全局光及阴影，可以开启或关闭该功能，以控制点光源的光照及阴影的显示状态。
调整聚光灯 GI 强度的数值，可以设置周围物体被照亮的程度，如图 5-21 所示。

图 5-20　选择灯光

图 5-21　添加全局光特效

任务 4　效果图与动画的渲染

在拍照模式下，点击屏幕右侧的 图标，可对效果图进行渲染，并可对渲染的质量等进行设置，如图 5-22 所示。

图 5-22　拍照模式下渲染图片

附加输出中包括 D、N、S、L、A、M 几个选项。D 表示保存深度图，N 表示保存法线图，S 表示保存高光反射通道图，L 表示保存灯光通道图，A 表示保存天空 Alpha 通道图，M 表示保存材质 ID 图。

渲染当前拍照有四个模式可选，分别对应不同的像素。显然，像素越高渲染的质量会越高，渲染需要的时间也就会越长。邮件为 1280 像素×720 像素，桌面为 1920 像素×1080 像素，印刷为 3840 像素×2160 像素，海报为 7680 像素×4320 像素。

在动画模式下，点击屏幕右侧的 图标，可对影片进行渲染，并可对渲染的质量等进行设置，如图 5-23 所示。

图 5-23　动画模式下渲染影片

动画模式下的渲染面板，包含整个动画、当前帧和图像序列三个选项卡。

【整个动画】选项卡中，可设置渲染视频的输出品质和每秒帧数。

输出品质对应的星值越高，则渲染质量越好，但其渲染时间也会越长。

每秒帧数越高，则画质越细腻，当然也需要更长的渲染时间。

对整个电影文件渲染的质量包括小、高清、全高清、四倍高清和超高清五个选项。小对应 640 像素×360 像素，高清对应 1280 像素×720 像素，全高清对应 1920 像素×1080 像素，四倍高清对应 2560 像素×1440 像素，超高清对应 3840 像素×2160 像素。

【当前帧】选项卡中，包括 D、N、S、L、A、M 几个选项，其含义同前。

渲染质量包括四个选项，即邮件、桌面、印刷和海报，其对应像素同前。

在【图像序列】选项卡中可设置输出质量、每秒帧数、附加输出、帧范围等。

帧范围包括所有帧、关键帧和范围三个选项。所有帧表示导出所有帧，关键帧表示导出相机关键帧，范围表示导出一系列帧。

任务5　360 全景模式

选择视图右下角的图标，进入 360 全景模式，如图 5-24 所示。在这里可以为场景增加特效，特效用法参见拍照和动画模式中特效的相关内容，在此不再赘述。

图 5-24　360 全景模式

1. 360 全景图的编制

在视图左下角制作全景图选项卡中，点击图标可捕捉主视镜头，该镜头为打开全景图时第一视角镜头，再次单击可更新该镜头位置。

点击图标，可渲染生成 360 全景图。

左键单击图标两次，可删除当前全景图。

【渲染 360 全景】点击图标后，进入渲染 360 全景图面板，可以在此设置输出品质、立体眼镜、目标设备和渲染质量，如图 5-25 所示。

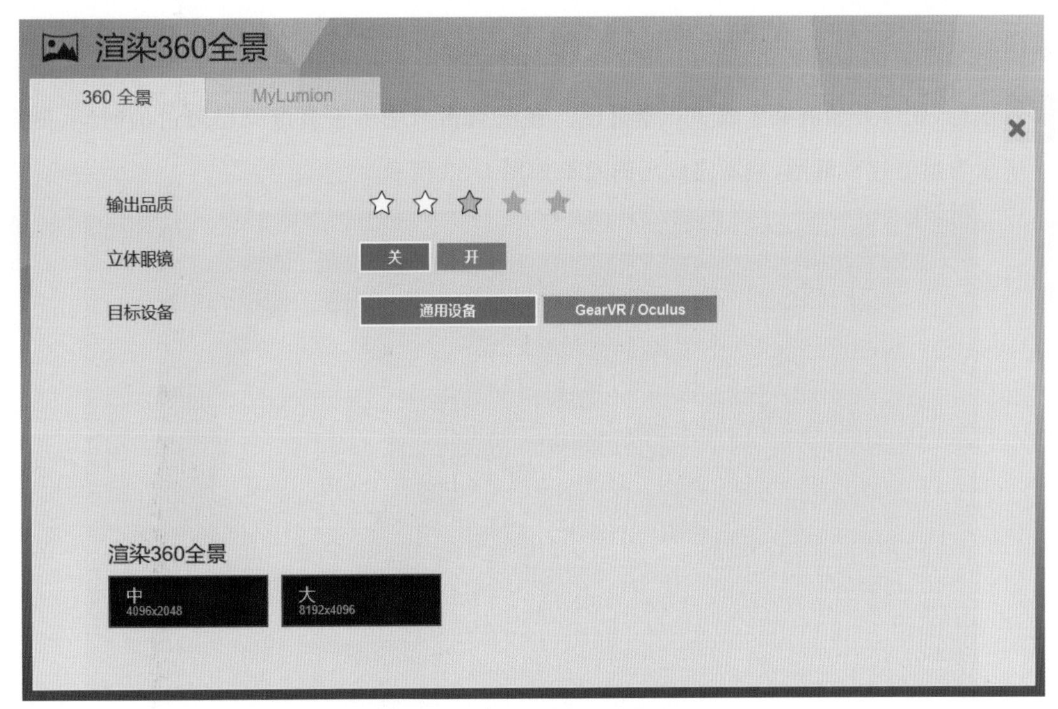

图 5-25　360 全景图设置界面 1

输出品质共有五颗星，用户可根据需要选择相应的品质。显然，星值越高质量越好，但渲染时间会越长。

立体眼镜可选择开、关两个选项。“关”表示单视场（平面图像）；当选择“开”时，会出现一个“高级设置”。可打开不同的目标设备为通用设备或者为 GearVR/Oculus 设备。

高级设置也包括开、关两个选项。当选择“开”时，可以进一步打开“眼睛到耳朵的距离（IPD）”和“水平切片”选项，如图 5-26 所示。

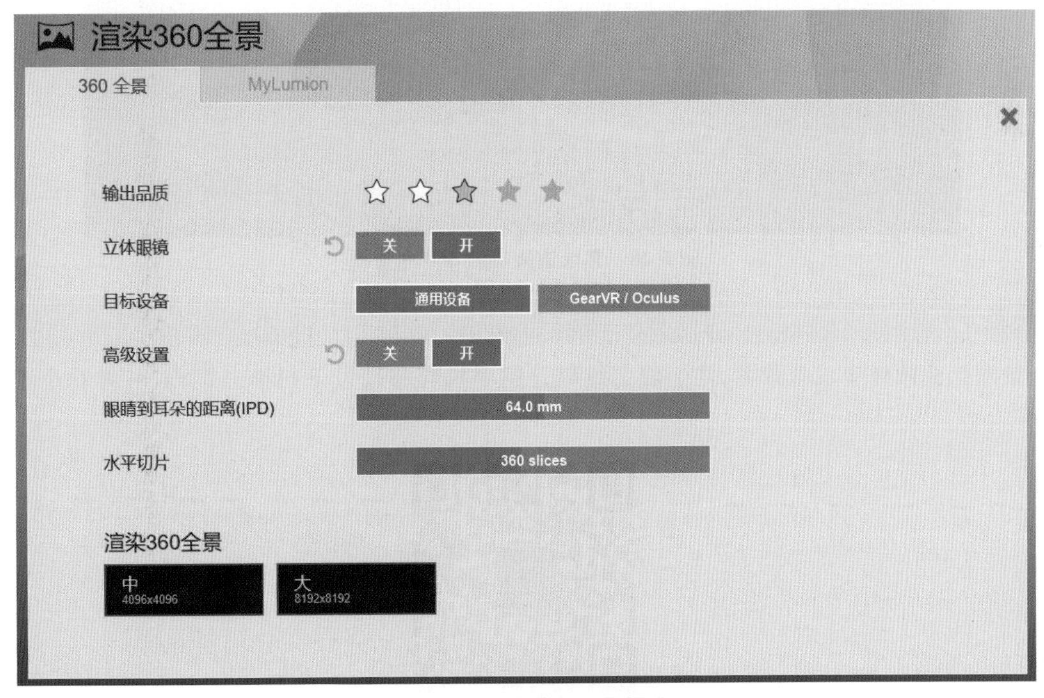

图 5-26　360 全景图设置界面 2

渲染质量包括中和大两个选项。选择的像素越高，渲染质量会越好，同时也会消耗更长的渲染时间。中表示 4096 像素×4096 像素，大表示 8192 像素×8192 像素。

2. 360 全景图的渲染

点击 图标，软件开始渲染生成 360 全景图。在渲染窗口中可查看渲染已经过的时间、剩余时间等信息。图 5-27 所示为渲染过程截图，渲染完成后的效果如图 5-28 所示。

图 5-27　渲染单视场(平面图像)过程截图

图 5-28　完成渲染后的 360 全景图

3. 查看全景图

利用全景图生成软件生成全景图，并生成二维码。用手机等移动设备扫描二维码，可查看全景图，如图 5-29 所示。

图 5-29　全景图二维码

用手机扫描二维码加载场景，用户可调整使用 VR 方式、移动控制手柄方式或者自由旋转方式等三种模式查看 360 全景图。

手机上显示的全景图截图，如图 5-30 和图 5-31 所示。

图 5-30　扫描二维码后开始打开全景图的截图

图 5-31　扫描二维码已打开全景图的截图

温馨提示：在任何渲染状态下，Lumion 软件均不允许最小化渲染窗口，也不允许点击显示桌面按钮或者按下组合键“Ctrl＋Alt＋Delete”。

项目 6

Lumion 10.0案例

案例 1　乡村案例分析

1. 案例背景

设计单位已经完成某 BIM 投标项目的施工图，但没有项目周边环境、建筑物、设施等的图纸。

本项目重在快速完成建模及项目整体和局部的效果图、动画漫游场景的展示。

根据委托方提供的图纸，首先利用 Revit 软件创建该项目的信息化模型，然后用 Lumion 10.0 软件制作该项目的漫游动画和效果图。

委托方提供的图纸（部分）如图 6-1 所示。

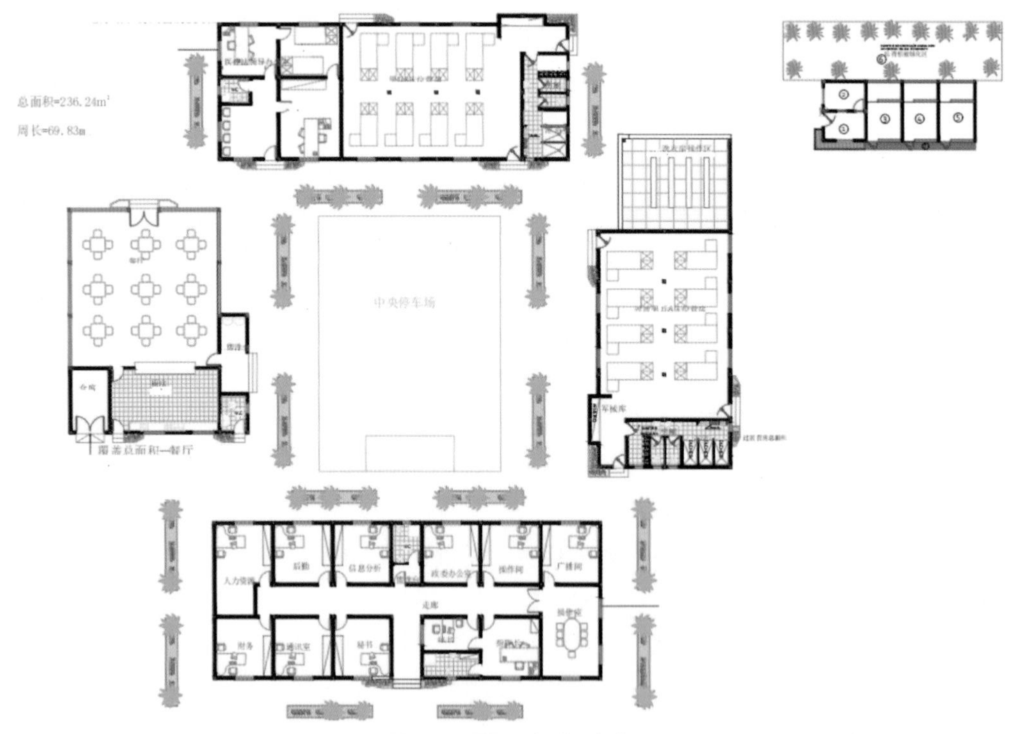

图 6-1　图纸（部分）内容

该项目采用 Revit 软件来创建建筑物、道路和部分场地等模型后导出为 FBX 或 DAE 格式文件，再用 Lumion加载该模型文件，然后创建周围景观等场景，最后添加一些特效后渲染出数张效果图及动画漫游视频片段。

温馨提示：如果只是为了表现项目外观效果，则建模软件可以使用3ds Max、SketchUp等，这样能够提高建模效率。

2. 模型的基本要求

本项目模型虽然简单、建模难度小，但是为了在渲染中准确、灵活地设置材质表现，需要模型构件划分明确、合理，细节把握也应该准确、到位。比如青石板、马路道牙等与路面位置和标高的关系，场地标高、区域划分等应结合设计图纸与实际情况合理建模。

建模不属于本书讨论的范畴，故不再赘述，读者可参考相关的建模软件教材学习。

3. Lumion 场景创建的基本要点

【物体系统】物体的创建应能满足BIM项目对应用点表现的需要。

物体部分在模型创建时应能符合最终表现的需要，比如：墙体、屋面、门窗的模型应根据材质表现的需要创建；在马路道牙的高度、形态的设置上应追求真实，在马路的标线表现上也力争真实还原；草地中错落有致的地砖，在创建模型时应充分考虑项目标高和物体相互关系。

场景设置如图6-2所示。

图6-2 场景设置

【景观系统】在景观系统设置时，首先从整体上把握配景，再从细节上丰富场景的真实性。

(1) 场地中景观纹理包括多种不同纹理之间的过渡、重叠，在草地上适当增加一些裸露的岩土纹理，使得地面表现更加自然、真实。

(2) 在场景中添加不同的落叶物体，使得地面细节表现更加丰富。

(3) 增加树根部位的低矮杂草，使得层次丰富。

(4) 适当增加人物、狗、鸟，使得场景充满生活气息。

景观地面的设置如图6-3所示，景观细节表现如图6-4所示。

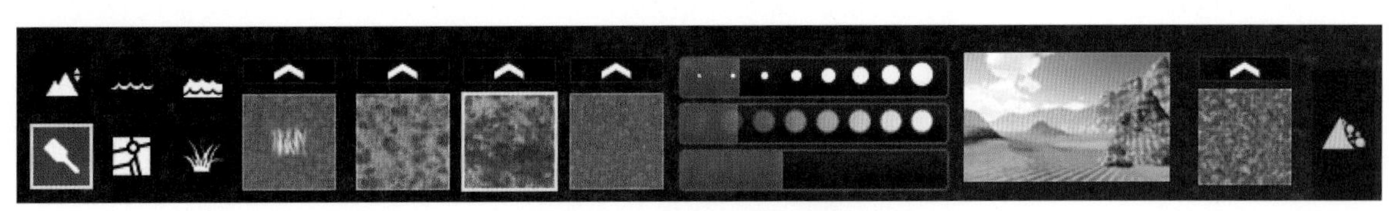

图6-3 景观地面的设置

图 6-4 景观细节表现

【材质系统】本项目中建筑物的材质单一，主要把握墙体、屋面、地面等材质的贴图纹理及效果表现即可。但对于一般的项目来说，材质表现是非常重要的内容。读者可参考相关章节中材质表现的内容。

【天气系统】调整太阳高度、方位和阳光强度等参数，以符合项目对不同场景的表现效果的需要。在此应当考虑以下几点：

(1)项目场景所处的地理位置(经纬度)、季节的不同和时间等因素，进而综合考虑太阳的方位、高度和亮度。

(2)根据天气状况的不同选择太阳的亮度和云层的样式。

(3)结合所要表现效果的不同，来匹配不同的天气状态，比如，晴天、阴雨、雪景所对应的天气效果有很大的差异。

4. 效果图截取的技术要点

为了使 Lumion 渲染的效果图能够充分反映项目整体或局部最具表现力的视角，需要合理构图。

(1)一般的效果图视线高度应当为人的眼睛高度，即 1.6～1.8 m 之间，视线一般选择平视。

(2)应当将所要表现的主体对象放置在整张图片的重心位置。该位置既可以是画面中心，也可以偏向某一侧。同时，也应考虑黄金分割点的灵活运用。

(3)建筑效果图基本上遵循平衡、统一、比例、节奏、对比等原则。

所谓平衡是指空间构图中各元素的视觉份量给人以稳定的感觉，不同的形态、色彩、质感在视觉传达和心理上会骈生不同的份量感觉。只有不偏不倚的稳定状态，才能产生平衡、庄重、肃穆的美感。

平衡有对称平衡和非对称平衡之分。对称平衡是指画面中心两侧或四周的元素具有相等的视觉份量，给人以安全、稳定、庄严的感觉；非对称平衡是指画面中心两侧或四周的元素比例不等，但是利用视觉规律，通过大小、形状、远近、色彩等因素来调节构图元素的视觉份量，从而达到一种平衡状态，给人以新颖、活泼、运动的感觉。

(4)项目所处的地理位置会影响场景渲染设置要求。比如北方、南方树木的种类不同，阳光的照射角度、强度也有很大的不同。

5. 鸟瞰图的表现

鸟瞰图重在全局性地把握项目整体布局及效果。

在表现鸟瞰图时，需要反映出项目整体规划效果，将建筑物放置到画面较为中心的位置，周围配置的树木、草地、道路等景观应烘托出建筑物的主角地位。

景观场景为虚拟场景，一般在距离建筑物较远的位置不设置景观物体，所以在确定鸟瞰图画面时，远离建筑物的没有创建景观的空白区域，尽量不要在视图中出现。

鸟瞰图的设置及效果如图 6-5 至图 6-8 所示。

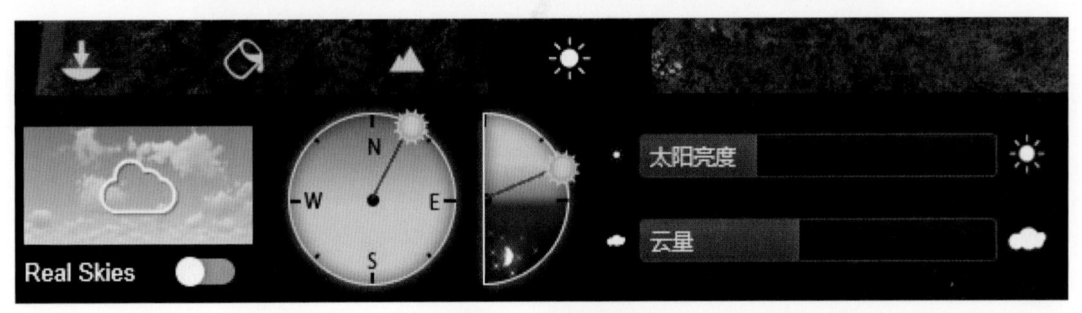

图 6-5　太阳设置

图 6-6　体积光特效参数设置

图 6-7　雾气特效参数设置

图 6-8　鸟瞰效果图

6. 清晨的效果表现

要表现清晨空气清新、舒适的效果，就需要添加太阳、天气等特效，比如阳光柔和，光线清澈、透明，阴影轮廓清晰、过渡自然，天空清澈。

其中，本项目主要做了太阳特效的设置，参数具体如图 6-9 所示。

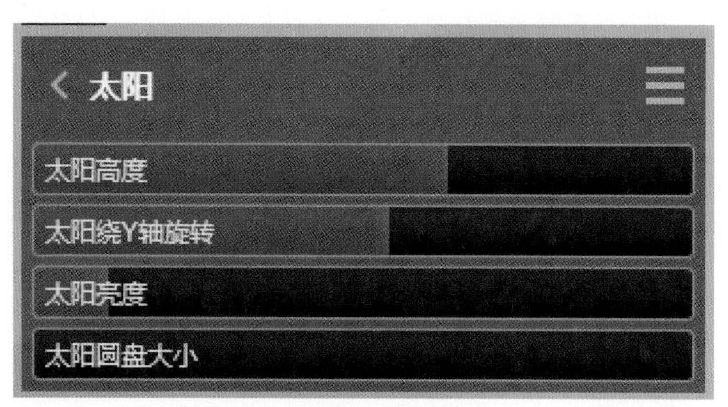

图 6-9　太阳特效参数的设置

项目渲染后的效果图如图 6-10 所示。

图 6-10　清晨慢跑最终效果图

7. 正午暖阳的效果表现

要想表现正午暖阳的效果，首先应该知道要表现的场景是哪个季节。一般冬季、春季或初夏、夏末和刚入秋时的正午晴朗天气中照射的阳光才能称为暖阳。

图 6-11 至图 6-15 所示为本项目中表现刚入秋时正午暖阳的设置，效果如图 6-16 所示。

图 6-16 表现的是刚入秋时的场景，所以绿树成荫，又用一些泛黄的树木来增强画面的色彩丰富性，同时树木种类、高矮的不同，增加了层次感。

因为是刚入秋，虽然阳光光线充足，但照射的强度并不大。在添加太阳特效时，一定要控制好阳光的强度。

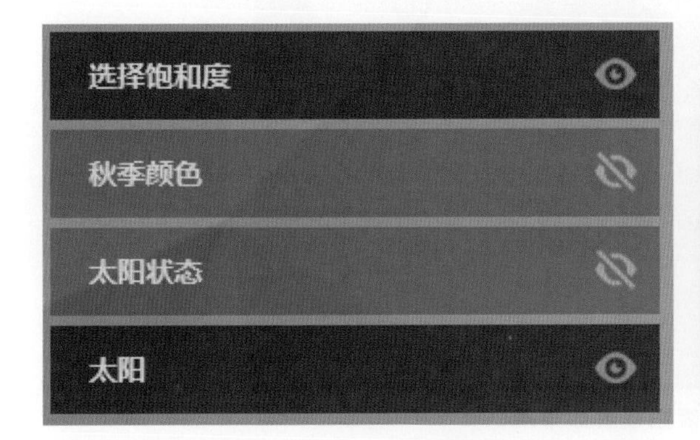

图 6-11 项目主要特效

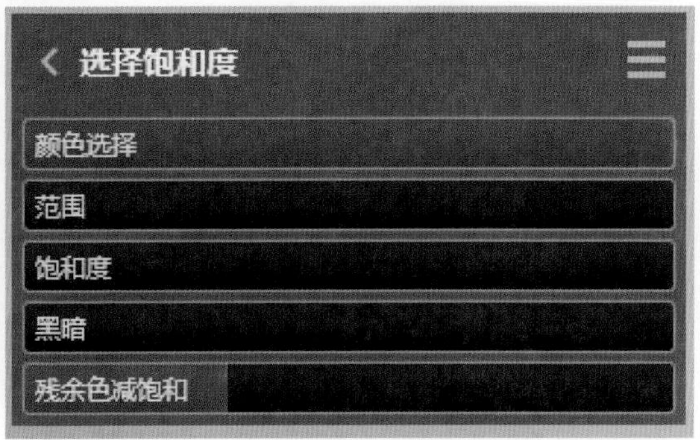

图 6-12 饱和度特效参数设置

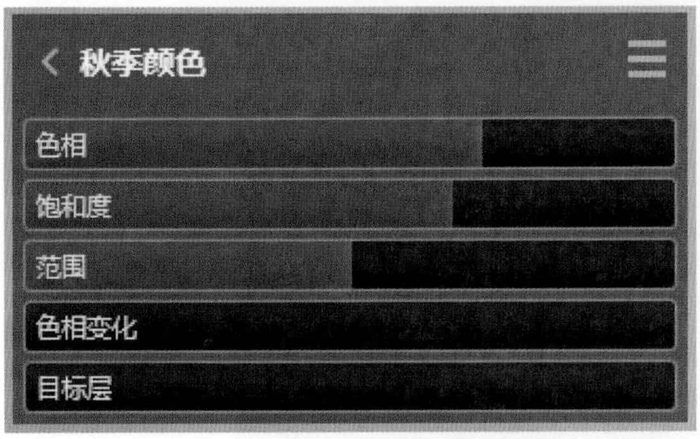

秋季颜色
色相
饱和度
范围
色相变化
目标层

图 6-13 秋季颜色特效参数设置

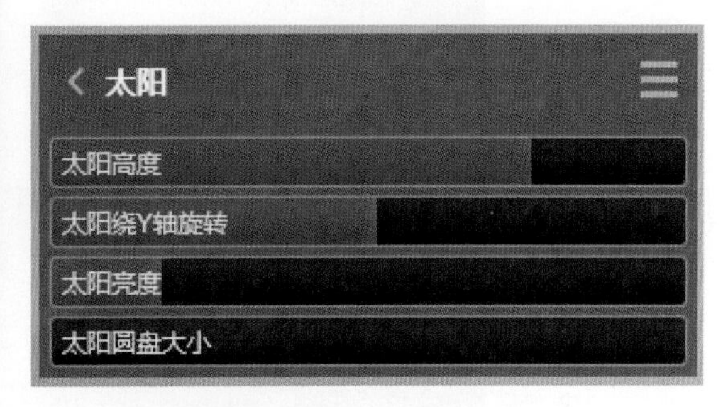

图 6-14 太阳特效参数设置

图 6-15 太阳状态特效参数设置

图 6-16　正午暖阳最终效果图

图 6-17 所示为炎炎夏日最终效果图。

图 6-17　炎炎夏日最终效果图

8. 林荫小道场景表现

林荫小道场景主要添加了阴影特效和天空光特效，两个特效的具体参数分别如图 6-18 和图 6-19 所示，最终效果图如图 6-20 所示。

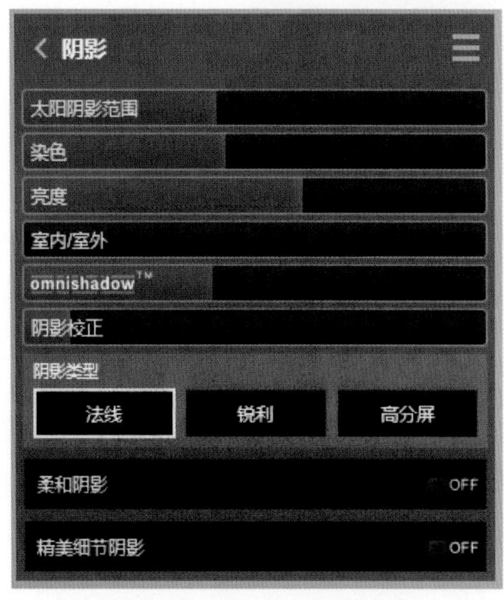

图 6-18　阴影特效参数设置

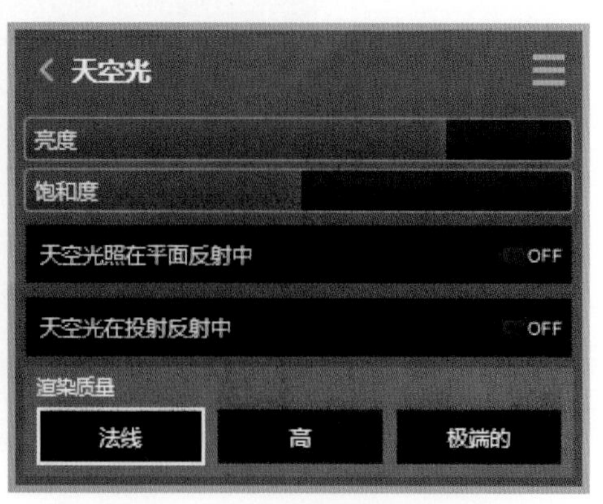

图 6-19　天空光特效参数设置

图 6-20 林荫小道最终效果图

9. 雨特效表现

雨特效需要调整以下内容：

(1) 雨量：雨量的表现应该既能表现出雨水场景的情趣，又能让人看清楚场景。所以在雨景中雨量要适中，近景能看到雨水落下效果，远景能表现出雨水笼罩的朦胧感。

(2) 雾气：由于下雨且雨水不小，一般雨水会笼罩在雾气中，所以应该为场景添加雾气特效。

(3) 太阳：雨天，太阳应该是看不到的。在表现场景时一定注意避免下雨的同时，又能看到大阳光照射，这显然不符合自然规律。雨特效的表现应该是阳光被乌云遮挡、光线较弱的天气表现。

(4) 天空：雨中的天空应被乌云所笼罩，所以应当为天空适当添加一些特效来表现乌云罩盖天空的效果。

(5) 色调：雨中的空气湿度很大、气温降低，所以色调应偏冷色调。

雨特效主要参数的设置如图 6-21 所示。

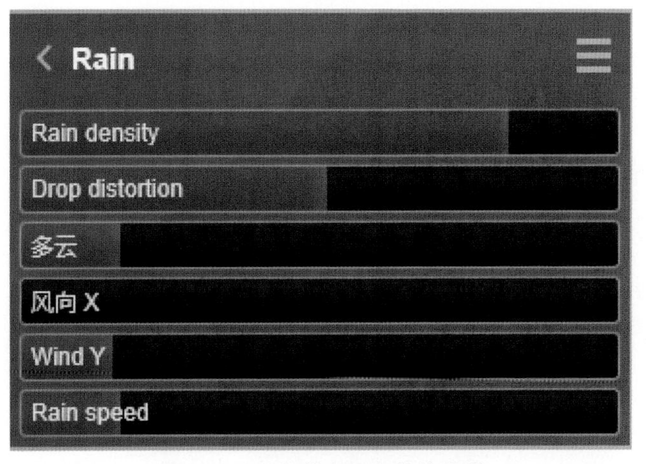

图 6-21 雨特效主要参数的设置

雨景最终效果图如图 6-22 所示。

图 6-22　雨景最终效果图

10. 雪景设置

雪景参数如图 6-23 所示。

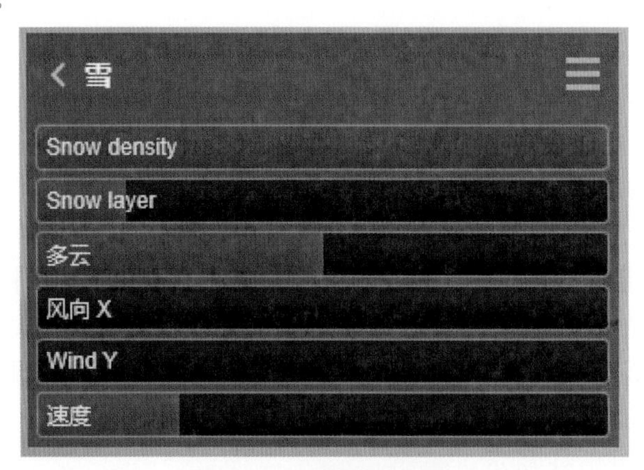

图 6-23　雪景参数设置

雪景最终效果图如图 6-24 所示。

图 6-24　雪景最终效果图

案例2　麦积山石窟及瑞应寺虚拟现实表现

1. 案例背景

麦积山石窟地处甘肃省天水市麦积区东南 30 千米的小陇山中，该山因形似农家麦垛而得名。

麦积山石窟始建于十六国后秦时期，历经北魏、西魏、北周、隋、唐、五代、宋、元、明、清等十余个王朝 1600 余年的开凿和修缮，现存窟龛 221 个，各类造像 3938 件 10 632 身，壁画 1300 余平方米。麦积山在周围群山映衬下一峰独立，窟龛绝大多数开凿在高 20～80 米、宽约 200 米的悬崖峭壁上，洞窟之间依靠悬空栈道相连，最高位置有 12 层之多，故民间有"十二龛架"之说。

众所周知，麦积山石窟与敦煌莫高窟、龙门石窟、云冈石窟并称为我国著名的四大石窟。然而新中国成立前，岁月沧桑，麦积山石窟地处西秦岭北麓，交通不便，致使"艺术瑰宝，以僻处深山、悬空万仞而沉睡千数百年，艺苑学林，莫知其异"。今人开始认识麦积山石窟的历史文化价值，得益于著名学者冯国瑞先生及其著述《麦积山石窟志》。图 6-25 为冯国瑞于 1953 年绘制的麦积山石窟全景。

图 6-25　冯国瑞所绘的麦积山及瑞应寺

麦积山石窟以南 200 米处的一座红墙灰瓦、古色古香的寺庙，就是有着千余年历史的瑞应寺。寺庙面积约 2500 平方米，坐北向南。现存山门、大雄宝殿、天王殿、东西配殿及钟鼓楼、东西厢房等建筑。麦积山石窟开凿之初，便有寺院。据碑碣记载，东晋时寺庙名为无忧寺；北魏名为石岩寺；到了隋代，由隋文帝赐名为净念寺；唐代更名为应乾寺；宋代因为有人进献灵芝，于宋徽宗大观元年（1107 年）赐名"瑞应寺"，沿用至今。

由于年代久远，瑞应寺损毁非常严重，从历史老照片中只能依稀看到麦积山石窟及瑞应寺，如图 6-26 所示。新中国成立后，国家对瑞应寺进行了多次修缮，很多已经重建，留存下来的古建筑部分只是其中很少的一部分。

图 6-26　麦积山石窟及瑞应寺老照片

在古代石窟的营造工程中，麦积山石窟是最为艰险的一处，形成了一处洞窟绝壁开凿、栈道凌空飞架的奇绝景观。石窟四周群山环抱、树木葱郁，自古就有“秦地林泉之冠”的美誉。春、夏、秋、冬四季随植物色彩的丰富变化而出现不同的自然景观，每当阴雨霏霏或雨后初晴，山岚缭绕、烟雨蒙蒙，麦积奇峰时隐时现，呈现出秦州八景之首的“麦积烟雨”。图 6-27 所示为采用无人机拍摄的麦积山及瑞应寺。

图 6-27　麦积烟雨奇观

图 6-28 为 2019 年冬在瑞应寺广场拍摄的麦积山石窟及瑞应寺的照片。

图 6-28　麦积山石窟及瑞应寺照片(2019 年)

保护古建筑等文物古迹的主要手段是文字描述、绘画,以及后来的照片结合实地测量后重绘二维图纸。随着科技的进步,无人机、三维扫描仪等现代测量仪器设备的出现,使得采用数字化手段记录其外观成为一种非常好的方式。但是,这种方式也有缺点,主要包括:第一,扫描只能记录其被扫描时刻的影像数据,任何的瑕疵也都被无死角地记录;第二,扫描生成的模型只是一张“皮”,再在这张“皮”上贴图成像,进入模型内部并没有任何信息。如果想要将墙体的构造层厚度、做法等信息都记录在模型上,采用扫描建模的方式是做不到的。其实,采用 3ds Max、SketchUp、Rhino 等软件创建的模型来重塑古建筑,也无法记录这些信息。为此,我们采用先进的建筑信息化建模手段 BIM 技术,来对古建筑等文物古迹进行建模并记录各种有用的信息。

从麦积山上俯视拍摄的瑞应寺全貌如图 6-29 所示。

图 6-29　鸟瞰瑞应寺全貌

本案例选自 2019 年度甘肃省教育厅产业支撑引导项目“基于 BIM 与倾斜摄影测量技术的麦积山石窟历史

文化遗迹的信息化复原与VR展现”研究课题的一部分，旨在通过BIM与倾斜摄影测量技术对麦积山及瑞应寺古建筑部分进行信息化复原，并为文物保护及游客提供较为真实的交互体验与相关信息的记录。

麦积山石窟部分主要是通过三维扫描仪、无人机倾斜摄影测量技术完成整体麦积山石窟部分和周围场景的点云数据的扫描，并生成模型。本案例截取麦积山点云模型作为案例配景，其扫描及成像内容不再赘述。

古建筑部分主要是对麦积山脚下的瑞应寺做了三维扫描，也查阅了一些现代测量后形成的二维图纸，再结合BIM技术用Revit软件对瑞应寺进行建筑信息化建模。由于本案例主要是完成对古建筑部分的虚拟现实表现，所以其建模方法不再赘述。本案例截取了瑞应寺中的天王殿部分，利用Lumion 10.0软件对其进行虚拟现实的表现。

采用三维扫描技术可以生成麦积山及瑞应寺的点云模型，这里截取了天王殿部分的点云模型，如图6-30所示。利用Lumion软件进行渲染漫游，主要是为了展示Lumion软件在实战项目中的应用。

图6-30　三维扫描的瑞应寺天王殿点云模型截图

依据点云模型和现有图片、实测数据，利用Revit创建古建筑寺庙的三维信息模型，再将其导入Lumion中，并为天王殿创建周围的自然场景，如图6-31和图6-32所示。周围创建的物体主要包括地面、树木等。

图6-31　天王殿渲染

图 6-32　渲染生成的全景图

要查看利用 Lumion 10.0 软件生成的天王殿全景图可扫描图 6-33 所示的二维码。

图 6-33　天王殿全景图二维码

2. 材质表现

天王殿各种构件的主要材质有屋面瓦、红色木漆、墙面青砖、石板、红色墙漆、缘石等。主要材质参数的调整如图 6-34 至图 6-40 所示。

图 6-34　屋面瓦

图 6-35 红色木漆

图 6-36 青砖

图 6-37 石板

图 6-38　牌匾

图 6-39　红色墙漆

图 6-40　缘石

3. 自然景观表现

首先，对地面做图 6-41 所示的调整，力求地面丰富、多样、自然。

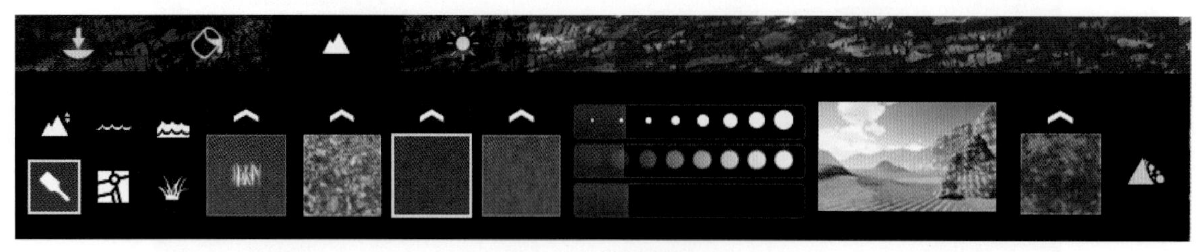

图 6-41 描绘场景

然后，对地面上没用地面材质的部分进行合理的融合和过渡，使得地面场景符合一般地面的自然规律。在放置不同的树木时，应该考虑地理位置、环境、季节等因素，合理放置不同的树种，并安排好其高低错落、层次变化和颜色不同等因素。

最后，对场景添加落叶、杂草、石头、矮树、灌木等，使场景更加生动，如图 6-42 至图 6-47 所示。

图 6-42 落叶场景的表现

图 6-43 各种树木的放置

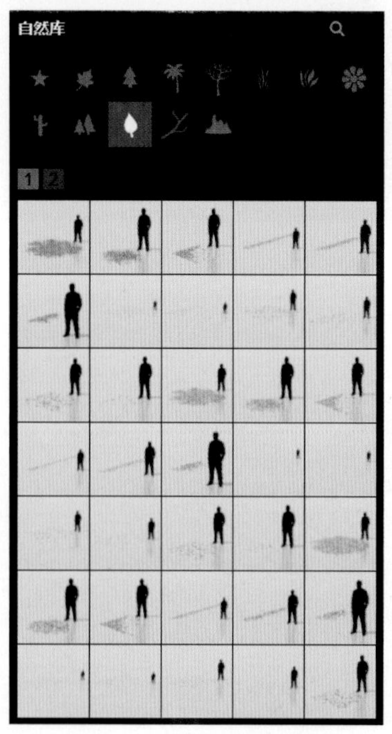

图 6-44 落叶物体的放置

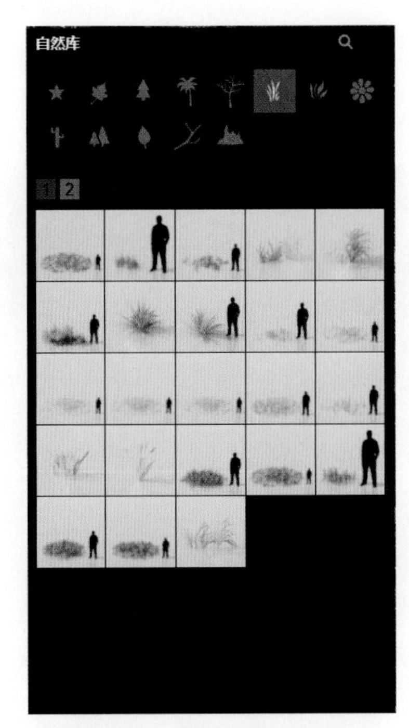

图 6-45　草丛物体的放置

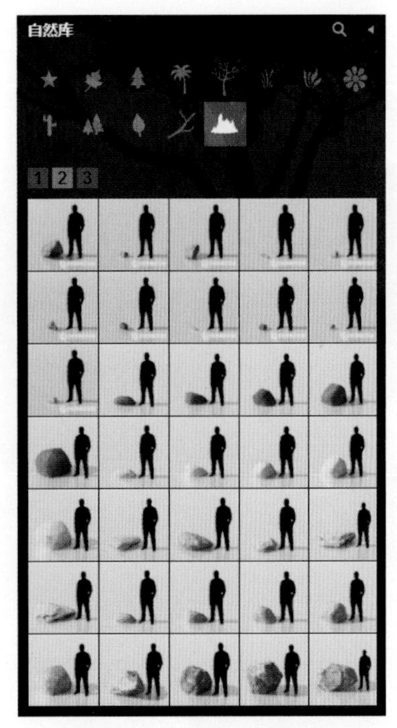

图 6-46　石头物体的放置

图 6-47　矮树、灌木、石头的表现

切换场景镜头后场景表现的截图如图 6-48 所示。

图 6-48　切换场景镜头后场景表现的截图

4. 拍照模式

切换到拍照模式下，为场景添加特效，如图 6-49 所示。

图 6-49　拍照模式下添加特效

其主要特效调整参数如图 6-50 至图 6-56 所示。

图 6-50　2 点透视参数设置

图 6-51　曝光度参数设置

图 6-52　真实天空参数设置

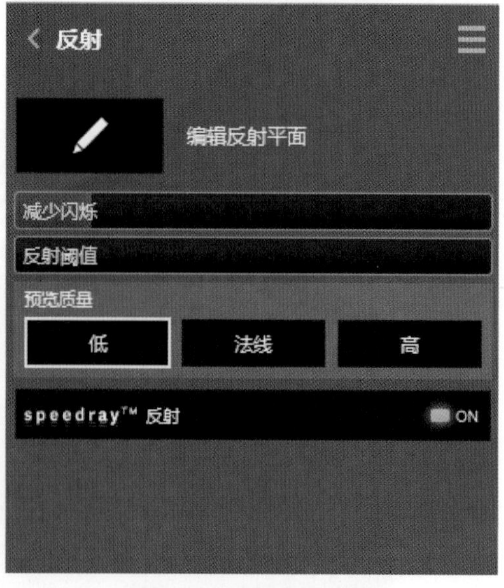

图 6-53　反射参数设置

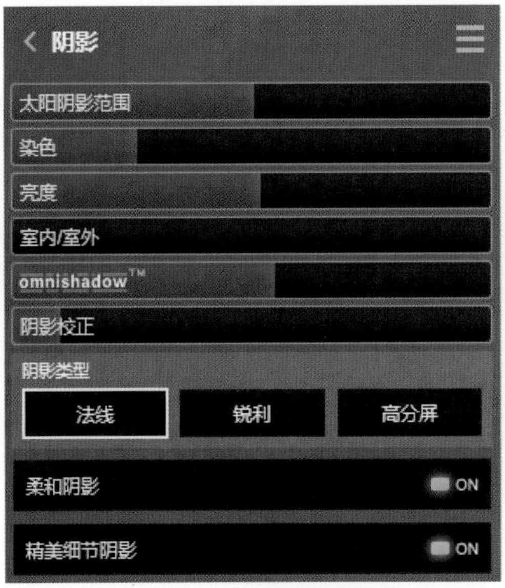

阴影
太阳阴影范围
染色
亮度
室内/室外
omnishadow™
阴影校正
阴影类型
法线
锐利
高分屏
柔和阴影 ON
精美细节阴影 ON

图 6-54 阴影参数设置

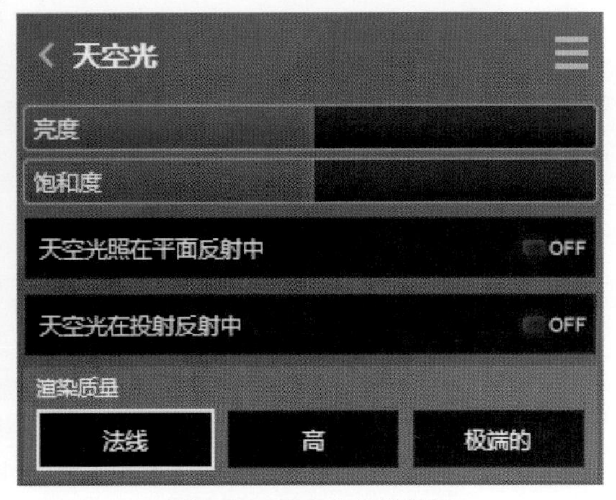

天空光
亮度
饱和度
天空光照在平面反射中 OFF
天空光在投射反射中 OFF
渲染质量
法线
高
极端的

图 6-55 天空光参数设置

超光
数量

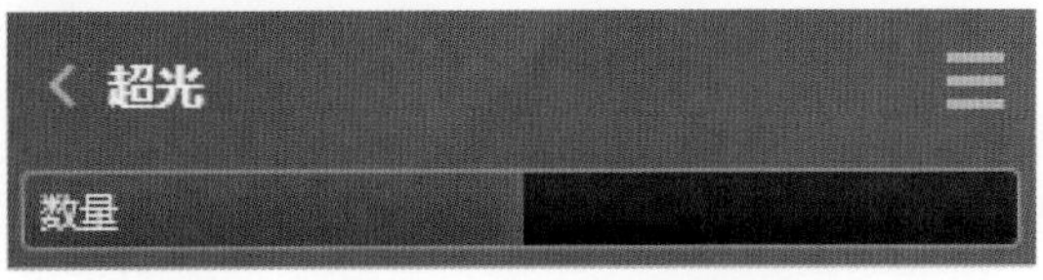

图 6-56 超光参数设置

最终渲染出一幅天王殿效果图，如图 6-57 所示。

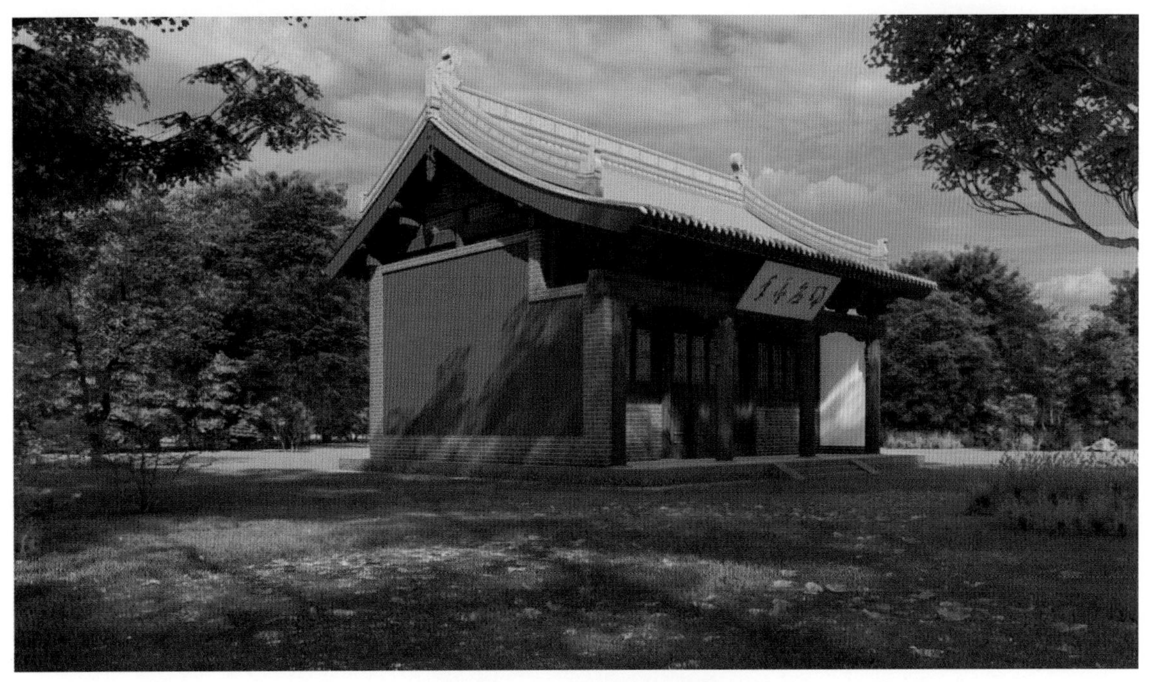

图 6-57 天王殿最终效果图

5. 瑞应寺全景表现

首先，将扫描的麦积山石窟模型、地形模型和瑞应寺模型导入 Lumion 场景中，如图 6-58 所示。

图 6-58 在 Lumio 软件中加载麦积山石窟与瑞应寺模型

依据照片在场景中添加植被等物体，再对场景中的建筑物部分赋予材质、颜色表现，如图 6-59 所示。

图 6-59 瑞应寺院内效果表现

选择合适的角度生成一张效果图，如图 6-60 所示。

图 6-60 瑞应寺院外场景表现

根据环境表现要求，添加各种特效。例如，创建雨后麦积山效果图，可添加图 6-61 至图 6-66 所示的特效。

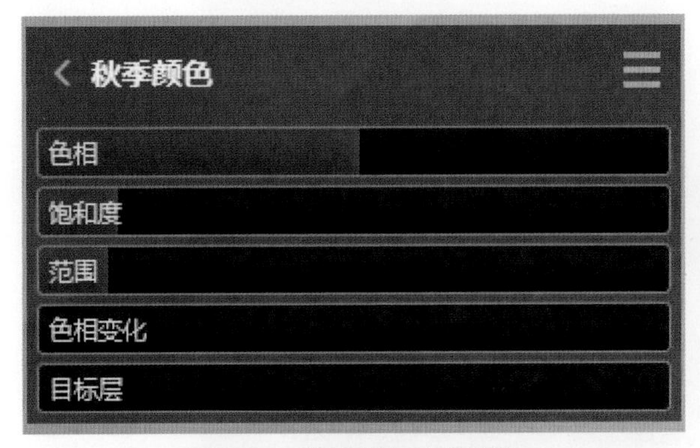

图 6-61　秋季颜色特效设置

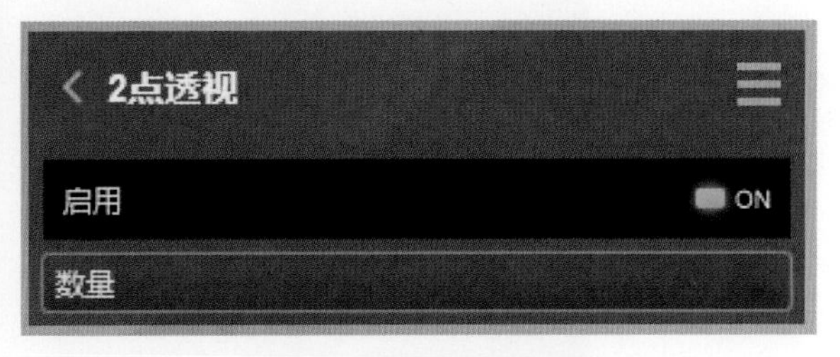

图 6-62　2 点透视特效设置

图 6-63　颜色校正特效设置

图 6-64　雾气特效设置

图 6-65　真实天空特效设置

图 6-66　沉淀特效设置

添加特效后的效果图，如图 6-67 所示。

图 6-67 雨后麦积山效果图

6. 动画模式

点击软件右下角动画模式按钮，点击视频录制按钮，为场景捕捉关键帧，生成一段视频。然后为场景添加太阳、沉淀和真实天空等特效，其参数设置如图 6-68 至图 6-70 所示。

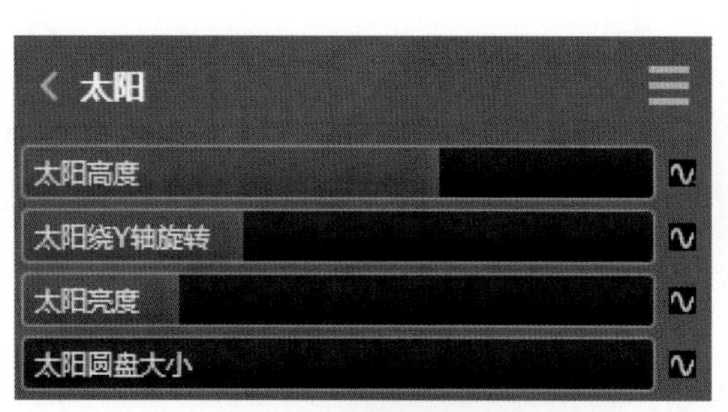

图 6-68 太阳特效设置

图 6-69 沉淀特效设置

图 6-70 真实天空特效设置

关键帧捕捉后，点击右下角的 ✓ ，完成视频片段的截取。软件可自动计算各个关键帧之间的视频，如图6-71 所示。

图 6-71　视频片段的截取

调整好后，点击右下角的渲染按钮 ，可以为渲染视频设置输出品质、每秒帧数等参数，生成动画文件，该动画文件一般为 MP4 格式文件，如图 6-72 所示。

也可以为单独某一帧渲染出一张图片，该图片可以是. jpg、. png、. tga、. bmp 等几种格式的图片。

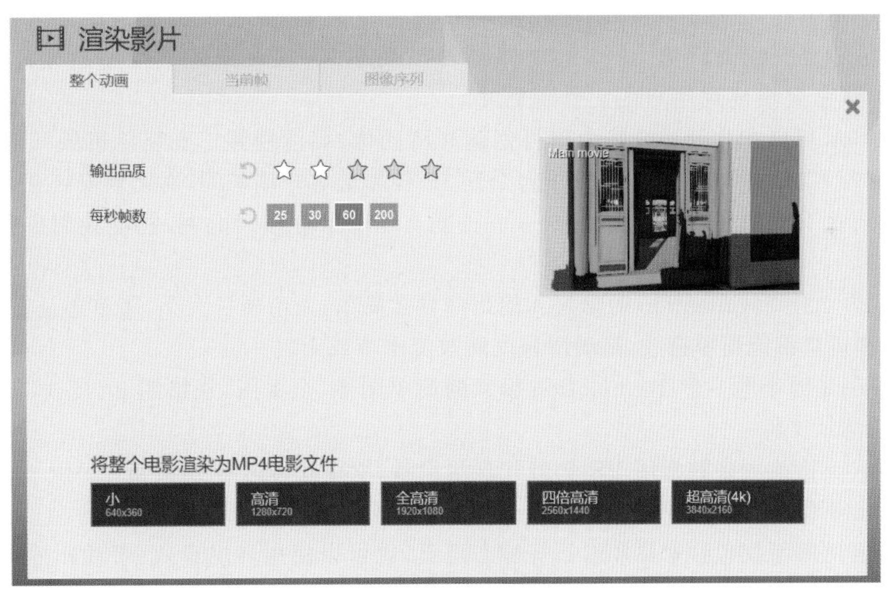

图 6-72　渲染影片

Twinmotion 2020软件概述

任务 1 Twinmotion 简介

Twinmotion 是 Abvent 公司开发，专门针对建筑、工程、城市规划和景观设计领域的实时渲染软件，也是很好用的渲染器之一。利用它，可以在几秒钟内轻松快捷地制作出高品质图像、全景图像、规格图或 360°VR 视频。Twinmotion 是一款 3D 制作软件，能够进行 3D 建筑可视化制作，能带来非常出色的设计效果，同时支持光照、季节选择、天气调节等，能让制作出来的效果更加真实。

Twinmotion 可以直接导入 Revit、SketchUp 和 ArchiCAD 模型，也可以导入 FBX、OBJ、ST1 等第三方格式的文件。通过简单的拖拽，用户可以很轻松地修改模型材质，呈现真实的镜面反射，添加家具、植物、汽车、人物、日月星辰等室内外环境，添加的物体都可以动起来，从而把建筑模型生动地展现给用户。它非常方便灵活，能够完全集成到用户的工作流程中。

使用 Twinmotion 可以在几分钟内就为项目创建高清图像、高清视频。安装单机版 Twinmotion 后，用户可以随时导出项目为 EXE 文件，该文件可以作为交互 3D 模型被客户端访问，而无须安装 Twinmotion 软件。

➢ Twinmotion 拥有光照和阴影，包含超过 600 种能与环境互动的 PBR 材质，能让用户轻松地获得想要的逼真效果。

➢ 简洁直观的界面让 Twinmotion 的学习和使用都异常简单，无论项目大小，简单还是复杂。

➢ 光源、材质和道具都能简单拖放，拖动滑块就能改变季节或天气。

➢ 在几秒内可创建源于同一个 Twinmotion 场景的简单图像、全景图、规格图、沉浸式 360°视频，以及可供分享的轻量级互动演示文件。

➢ Twinmotion 支持绝大多数常用 VR 头戴式显示设备，能在几秒内将 BIM 变成 VR 应用。

➢ Twinmotion 不但同时支持 Windows 和 macOS 操作系统，还兼容所有的 BIM 软件。

➢ Twinmotion 的库不仅包含家具和岩石等静态道具，也可以使用环境音效、带动作捕捉的照片扫描人类和动物模型，甚至在风中摆动的高分辨率植物来给场景带去生机和活力。

应该说，Twinmotion 是一款非常完美的虚拟现实表现软件。本书将以最新版本的 Twinmotion 2020 来介绍该软件。

任务 2 Twinmotion 的功能

1. 光照和渲染

Twinmotion 2020 得益于全面重制的光照和投影系统，可使场景品质获得立竿见影的提升。它采用新的屏幕空间全局光照(SSGI)方法表现间接光照,还改进了基线设置,能更贴切地模拟实体光源。

室外场景能够使用基于物理的全新大气、太阳和天空,这将带来更为逼真的天空,准确反映不同地点、季节和日夜变化(包括美丽的夕阳)。

新的范围和体积光照能模拟来自天花板吊顶或窗户之类庞大表面的光照,并使用浓雾或烟尘为场景增添气氛。景深功能现在可以贴切地模拟摄像机的景深,从而达到影视级的效果。它还有新的自动曝光选项,可在从室内移动到室外或从室外移动到室内时提供更好的观看体验。

在材质方面,Twinmotion 2020 增加了新的 X-Ray 材质,以便查看通风管和水管之类被遮挡的物体,还增加了 Frosted Glass 材质、发光的 Glow 材质(由 SSGI 支持),以及添加视频作为材质的功能——它可以完美模拟电视机屏幕或跳动的火焰。

2. 植被系统

质量提升的不只是光照,软件的植被系统也得到显著提升,包括一组新的高分辨率树木资源和程序性有机 3D 建模器 Xfrog。每一种树木的多边形数量都比以前的资源提高一个数量级,而且附带三种不同的树龄和四季变化。为了进一步提高逼真度,它提高了材质的纹理分辨率,新增一种使用次表面散射的双面植物叶子着色器来表现光线透过叶子的效果,以及模拟到叶子级别的风吹效果。

包括灌木在内的其他植物资源都已替换为高质量的 Quixel Megascans 资源。

对新生植被的生长过程进行可视化对许多建筑和景观设计项目至关重要,在某些情况下——例如某些政府出资的项目招标——更是强制要求。

Twinmotion 2020 新增的"生长"滑块能够在三种预设的树龄之间混合和缩放,能轻松展现项目在交付时、几年后和所有植物完全成熟时的外观。

该领域的其他新功能包括一种将植被应用到选定几何体上的新散布工具,更多用于青草的定制选项,以及对涂抹系统的改进。

3. 更逼真的人物

Twinmotion 2020 在 3D 人物方面也不甘落后,原有的内置资源库已经被新的高质量照片扫描资源所取代,增强了场景的可信度和氛围。现在它能提供 62 种动作捕捉动画角色,每种都可更换 5 套服装,另有 82 种固定姿势的角色,让场景中的人物更加多姿多彩。

4. 与 Rhino 的一键同步

Twinmotion 2020 将 Rhino 添加到了直连插件支持的软件包列表中,与 SketchUp Pro、Revit、ArchiCAD 和 RIKCAD 并列。现在用户只需要点击一下就能将 Rhino 和 Grasshopper 数据同步到 Twinmotion 2020 中,并且保留组织和层级,用 Twinmotion 2020 的 PBR 材质自动替换原生材质。

5. 项目演示与评审

作为 BIMmotion 的后继者,Twinmotion 2020 的演示器可以让用户在独立的查看器中以轻量级的打包可执行文件的形式分享项目,使客户和相关利益方无须安装软件即可评审项目。用户可以用多个视角和摄像机路径轻松创建演示过程,还可以设置自由、导引或锁定视图,从而选择是让观看者自由探索、从预定位置查看项目,还是只播放渲染的动画。

如果需要在评审中提供反馈,或者录制品牌名称或定价等非可视化数据,新的 Note 工具可以确保场景中的信息被准确捕捉。可以将注释导出成 BCF 格式(IFC 标准)的压缩包,并加载到 Revit、ArchiCAD 或其他 BIM 软件中,简化迭代流程。

任务3 Twinmotion 的主要特点

1. 直观的界面

Twinmotion 具有直观的用户界面，这些界面按照时间的先后顺序排列到工作流程中。

2. 逼真的渲染

在 Twinmotion 中，图像的精度和质量完全达到了现实级的水准，同时 Twinmotion 还提供了时下流行的工具，例如全局光照明、HDR 等。

3. GPU+CPU 优化

Twinmotion 已经开发出了能够使当前显卡更加高效、多核心处理器表现更佳的技术。

4. 建模工具

Twinmotion 是一款完全实时的解决方案提供软件，它具有很多建模工具，可以应对各种复杂的建筑结构模型。

5. 特效

Twinmotion 能够实时地显示动态阴影，即使是最精确、最复杂的阴影，而没有计算限制。Twinmotion 的雾效集成了动态的雾功能，密度和颜色可调整。景深功能支持景深区域管理，且景深效果特别真实。

6. 物体

Twinmotion 自带了丰富的物体。只需要单击，就可以创建极其复杂的水面效果。Twinmotion 中植被支持在任何表面上绘制植被，而不管它的性质或者方向。

7. 材质

Twinmotion 内置了大量逼真的材质库，可满足用户为物体赋予完美的质感表现。

8. 内部时钟和地理坐标

内部时钟以 cyclical time 为基础；由于在不同的地区太阳总是出现在不同的地方，因此不同的时间和地点对建筑的影响也不同。

9. 导入/导出

Twinmotion 提供了预设的 3D 形状，以适应建筑和制造业上的主流设计应用程序。

任务4 Twinmotion 软件的安装

第一步，在 Twinmotion 官网，登录一个 EPIC 账号（或创建一个新账户）。启动软件后按提示要求，将正版授权代码输入后获得授权。其过程部分截图如图 7-1 至图 7-3 所示。

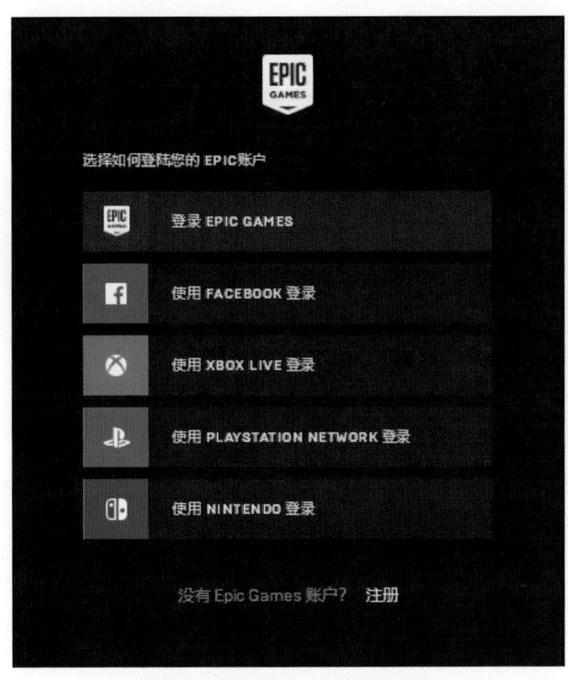

图 7-1　选择 EPIC 账号登录

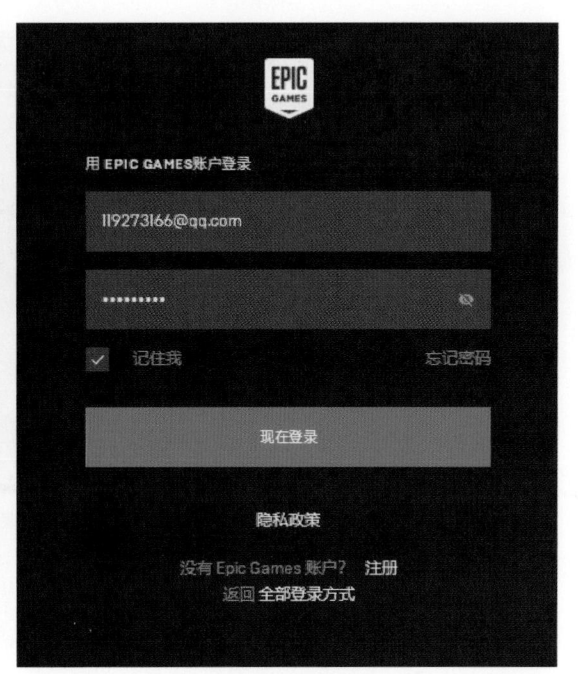

图 7-2　登录账号

图 7-3　安装 EPIC

第二步，在下载页面，下载安装 Twinmotion 软件，如图 7-4 和图 7-5 所示。

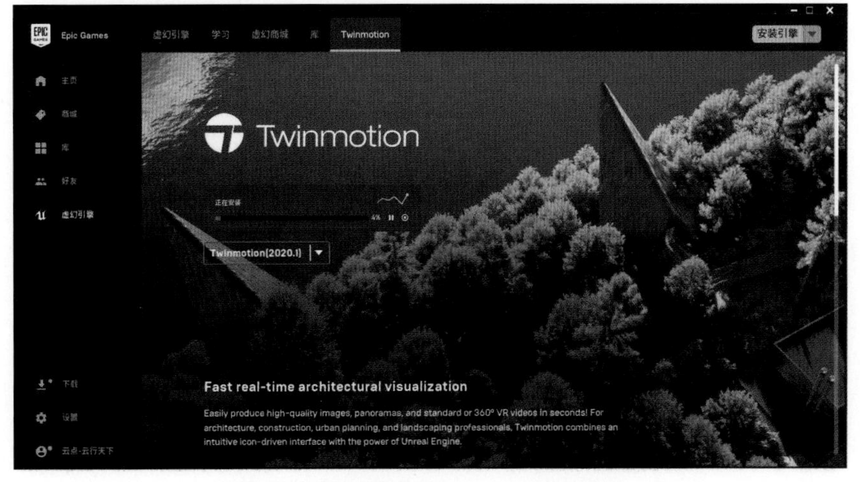

图 7-4　安装最新版本 Twinmotion 软件

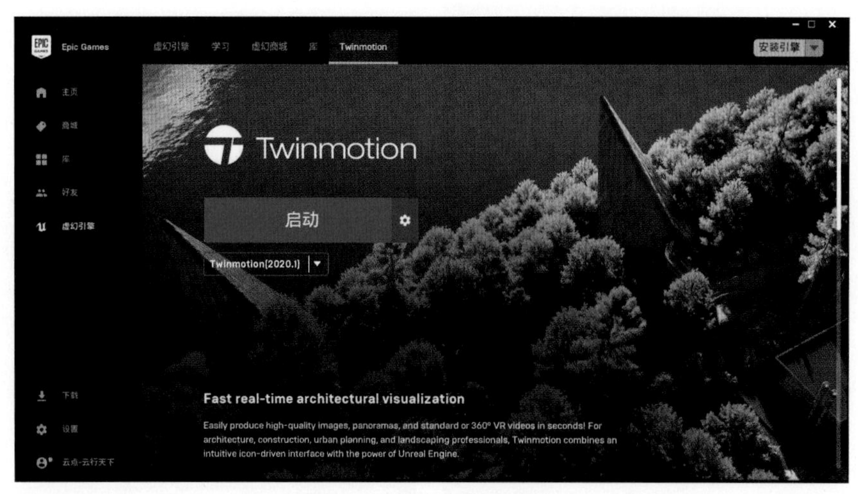

图 7-5　安装完成后启动

安装完成后点击“启动”按钮，或双击桌面上的 Twinmotion 图标以启动该软件。启动后的初始界面如图 7-6 和图 7-7 所示。

图 7-6　Twinmotion 软件 2020 启动画面

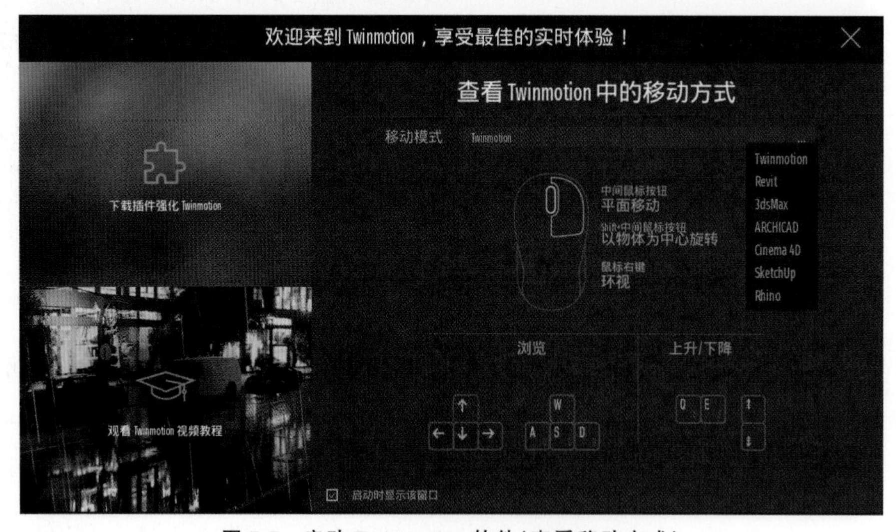

图 7-7　启动 Twinmotion 软件(查看移动方式)

任务5　Twinmotion 软件界面

点击桌面上的快捷图标，启动 Twinmotion 软件。软件界面非常简洁，主要包括菜单栏、导览列、工具栏、卷展栏和绘图区等，如图 7-8 所示。

图 7-8　Twinmotion 2020 软件界面

1. 菜单栏

文件菜单中，主要包括新场景、打开、最近打开、演示场景、保存、另存为、递增保存、导入、合并、导出 BCF 文件、退出等工具命令，如图 7-9 所示。

编辑菜单中，主要包括撤销、恢复、复制、粘贴、删除、资源收集器、缺失的图像文件、端口、偏好设置等命令，如图 7-10 所示。

帮助菜单中，主要包括网站、论坛、Youtube 频道、欢迎、快捷键和关于 Twinmotion 等，如图 7-11 所示。

图 7-9　文件菜单

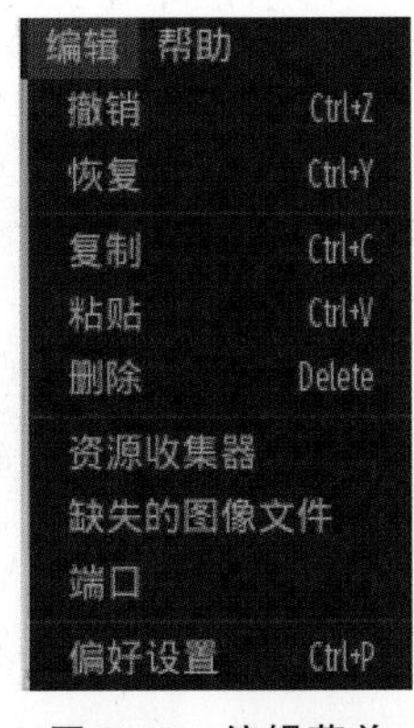

图 7-10　编辑菜单

图 7-11　帮助菜单

2. 导览列

点击软件界面左侧“导入”前面的 ☰ 图标，可以展开导览列，如图 7-12 所示。导览列中很多工具按钮与菜单栏的文件菜单中的命令基本是一样的。

3. 工具栏

在软件界面的左下角，有导入、加载环境、设置、媒体和导出等工具。这里集中了软件常用的工具命令，以便用户快速调取相应的工具命令。

【导入】在工具栏中点击图标，可以打开导入面板，再单击“导入”按钮（见图 7-13），可以打开一个对话框，在该对话框中可以打开要导入的文件。导入的文件可以是几何体，也可以是地形模型，并且可以分别设置导入模型的相应参数，如图 7-14 所示。

图 7-12　展开导览列

图 7-13　导入文件

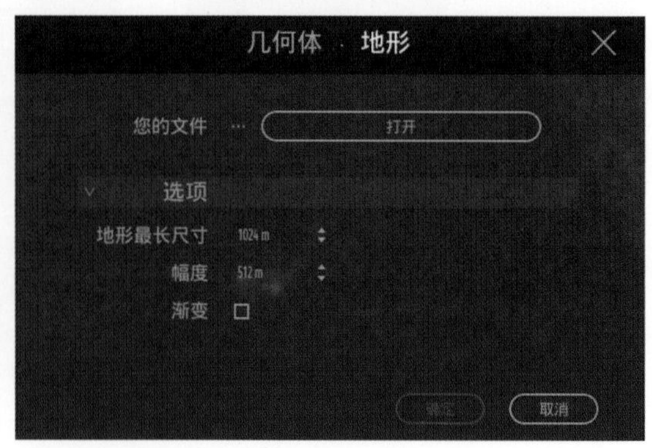

图 7-14　导入文件对话框

【加载环境】在工具栏中点击 图标，可以切换到加载环境面板，在这里可以为项目加载路径、粉刷植被、散布植被和城市，如图 7-15 所示。

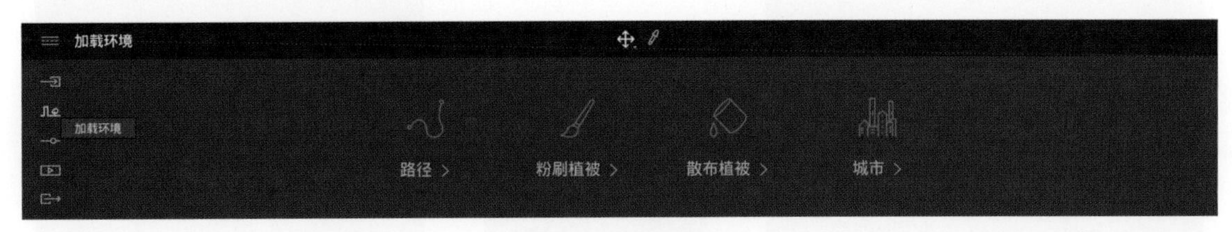

图 7-15　加载环境

【设置】在工具栏中点击 图标，可以打开设置面板，在这里可以为项目设置位置、天气、光照和摄像头，如图 7-16 所示。

图 7-16　设置

【媒体】在工具栏中点击 图标，可以打开媒体面板，媒体面板包括图片、全景图片、动画、演示者，如图 7-17 所示。

图 7-17　媒体

【导出】在工具栏中点击 图标，启动导出面板。利用导出面板，可以将项目导出为图片、全景图片、动画、演示者，如图 7-18 所示。

图 7-18　导出

4. 卷展栏

在软件界面的右上边缘，分别有 三个图标，利用这三个图标，可展开面板，如图 7-19 至图 7-21 所示。

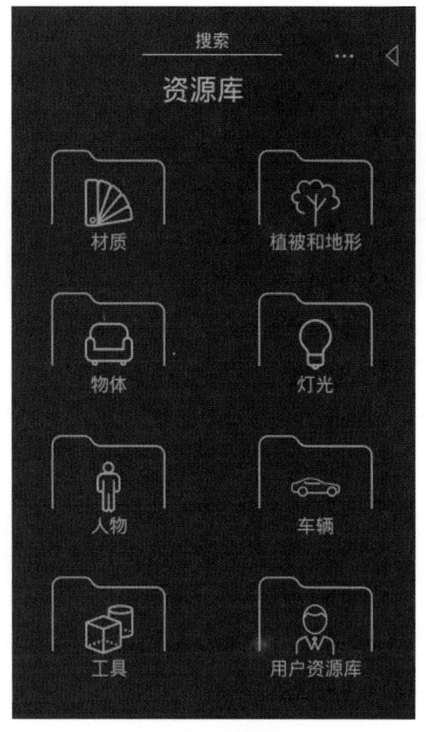

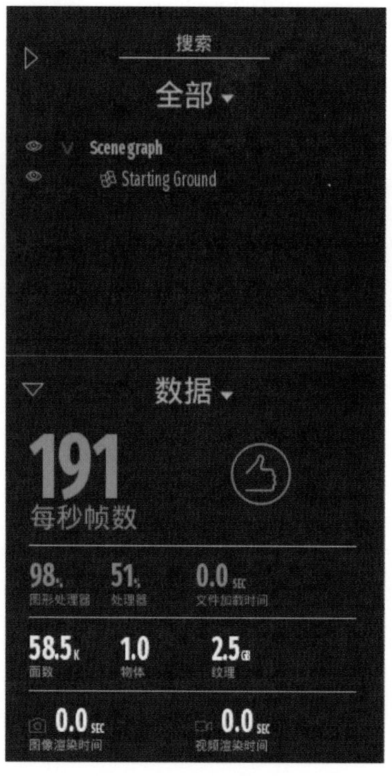

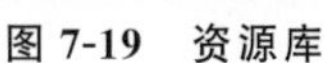
图 7-19 资源库

图 7-20 时间面板

图 7-21 图层控制栏

任务6 鼠标与键盘的控制

在对场景进行各种操作、编辑的时候，需要用键盘配合鼠标键来完成各种命令，以便更快捷有效地进行各种操作。Twinmotion 2020 软件与其他很多软件的快捷键和鼠标键的使用方法基本一样：

【W、S、A、D 键】方向键，可以用 W、S、A、D 键来分别控制视图向前、后、左、右各个方向移动（W 表示向前，S 表示向后，A 表示向左，D 表示向右），当然也可以直接点击键盘上的方向键来控制方向。

【Q、E 键】垂直向上或向下平移视口。其中，Q 键为垂直向上移动视口，E 键为垂直向下移动视口。

【鼠标中键】按住鼠标中键不放，移动鼠标可以平移视口。

【鼠标右键】按住鼠标右键不放的同时移动鼠标，视口位置不变，但视点将会移动。

【鼠标左键】点选菜单、工具或选择物体进行更多操作。

【Ctrl 键】按住 Ctrl 键不放，可以加选物体。

【Shift 键】在移动漫游视图时，按住 Shift 键可以加快移动的速度。另外，在选择物体的同时按住 Shift 键不放，拖动物体可复制该物体。

Twinmotion 2020基本操作

任务 1 导入

点击图标，Twinmotion 2020 可以打开导入面板，如图 8-1 所示。点击“导入”，打开导入路径对话框。导入类型有两个，一个是几何体类型，一个是地形类型。

图 8-1 导入面板

【几何体】展开几何体选项卡，可以在这里设置合并方案、修正 UV/纹理及上方向轴等，如图 8-2 所示。

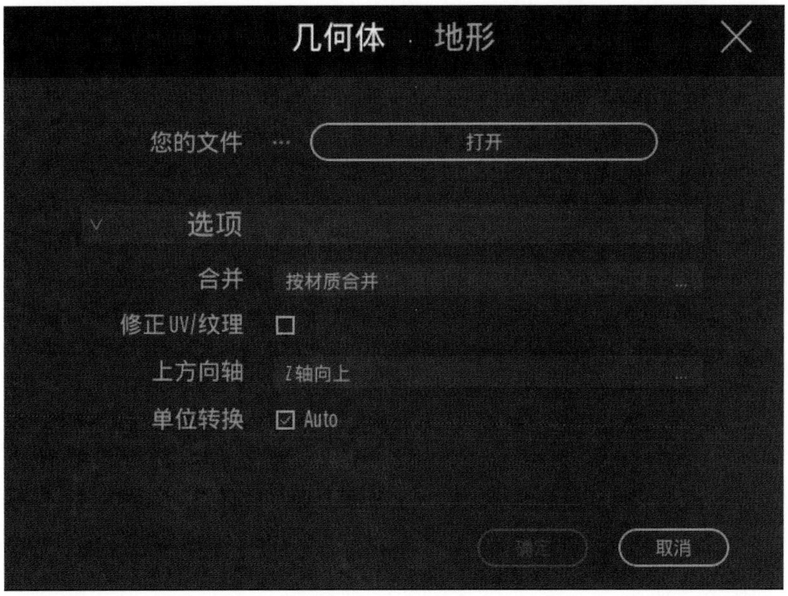

图 8-2 几何体选项卡

在几何体中，Twinmotion 可以打开很多种三维数据格式，具体如图 8-3 所示。

File(*.fbx; *.skp; *.obj; *.c4d)
Other(*.3ds; *.dae; *.dxf; *.iv; *.kmz; *.lw; *.lwb; *.lwm; *.lwo; *.lws; *.lxo; *.ply; *.stl; *.wrl; *.wrl97; *.vrml; *.x;)

图 8-3 Twinmotion 在几何体模式下支持打开的格式

【地形】选择地形，可以打开地形选项卡，在这里可以设置地形最长尺寸、幅度和渐变等选项，如图 8-4 所示。

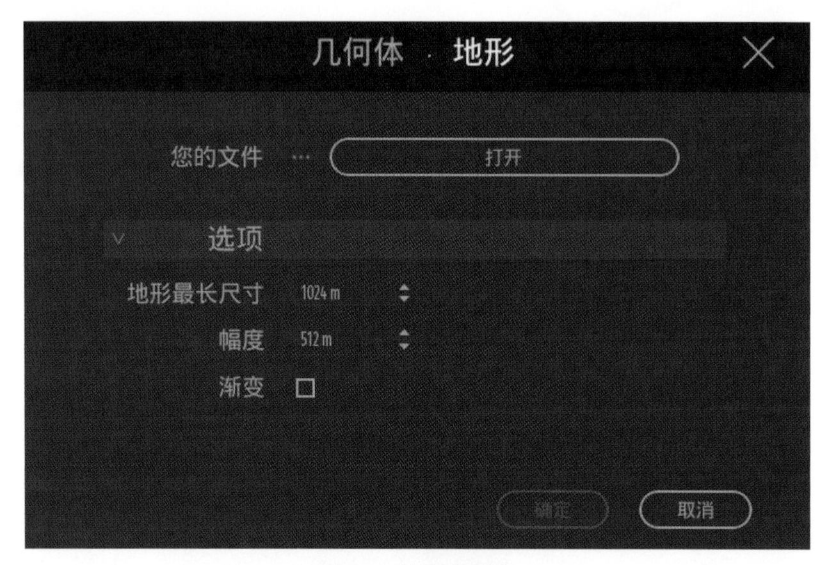

图 8-4 地形选项卡

在地形模式中，Twinmotion 支持打开的文件格式也非常多，具体如图 8-5 所示。

All files (*.r16;*.png;*.txt;*.xyz;*.skp;*.fbx;*.dae;*.obj;*.c4d)
Heightmaps (*.r16;*.png)
Points (*.txt;*.xyz)
Meshes (*.skp;*.fbx;*.obj;*.c4d)

图 8-5 地形模式下支持打开的文件格式

任务 2 资源库

点击视图左上角的 ▷ 图标，展开资源库。资源库主要包括材质、植被和地形、物体、灯光、人物、车辆、工具和用户资源库等内容，如图 8-6 所示。

1. 材质

材质资源库主要包含玻璃、金属、混凝土、木头、石头、砖、地面、塑料、墙面涂料、屋顶、天花板、网格、大理石、瓷砖、面料、皮毛、霓虹灯、视频、水、半透明和模型等材质。应该说，Twinmotion 内置的材质库几乎包含了我们常见的各种材质，如图 8-7 所示。

材质赋予的方法也很简单，鼠标左键单击相应的材质球，将其直接拖动到物体上，松开鼠标即可。在对应的材质上，可调整该材质的颜色、反射率、尺寸和天气，也可进行其他更多设置，如图 8-8 所示。

图 8-6 资源库

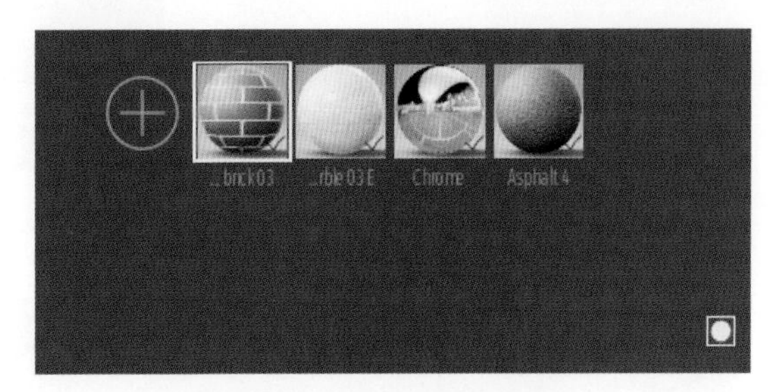

图 8-7 项目中的各种材质

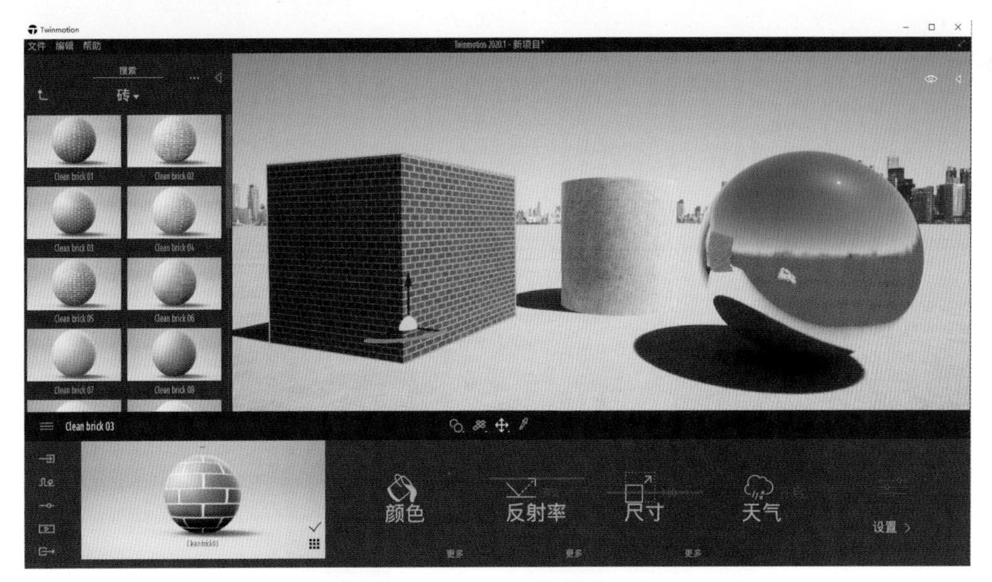

图 8-8 砖材质的赋予

下面以砖材质为例介绍材质的各种设置及调整方法。

点击图 8-9 中的  图标，展开设置面板。

【颜色】点击 颜色 图标，可打开颜色选取器对话框，在此可以直接调整颜色，也可以直接输入 RGB 值来准确设置颜色，如图 8-10 所示。

点击 颜色 图标下面的 更多 图标，继续设置与颜色相关的纹理、不透明蒙版、亮度、咕哝和声音，如图 8-11 所示。

图 8-9　砖材质

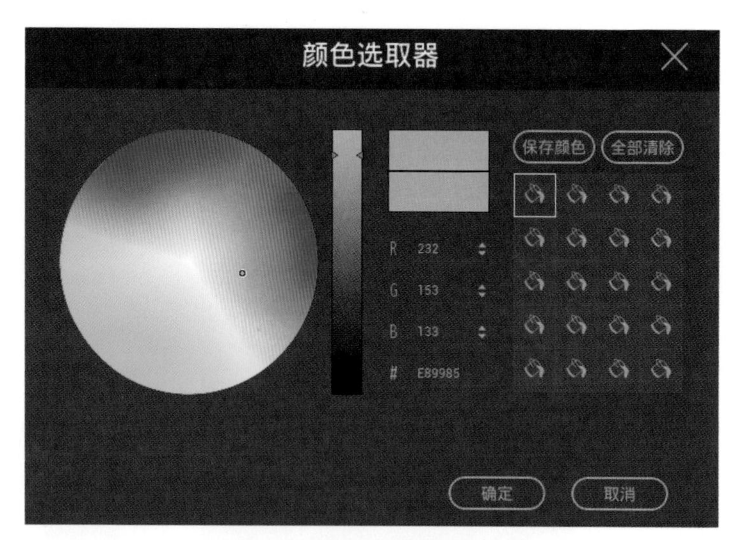

图 8-10　颜色选取器对话框

图 8-11　颜色的更多设置

点击“纹理”,在此可以复制、粘贴、打开、更新和清除该砖材质,如图 8-12 所示。

点击“不透明蒙版”,可以打开或关闭砖材质的不透明蒙版功能。

对“亮度”的调整,可以直接拖动滑块调整,也可以点选数字后直接输入亮度比例值来单独控制砖材质的亮度。

“咕哝”就是对砖材质受侵蚀效果的设置。

“声音”的设置能够模拟靠近砖物体时,有关特效声音的类型,如图 8-13 所示。

图 8-12　纹理调整

图 8-13　声音

【反射率】在此可以直接拖动滑块调整,也可以点选数字后直接输入反射率值来单独控制砖的反射值。

【尺寸】在此可以直接拖动滑块调整,也可以点选数字后直接输入数值来单独控制砖的尺寸大小。

【天气】在此可以控制天气对该砖物体的影响。

【设置】点击“设置”,可以打开更多对砖物体的设置内容,包括调整砖的凹凸贴图、发光、金属度、双面材质和X光影响,如图8-14所示。

图 8-14 “设置”中的其他内容

其他资源的放置方式与材质的放置方式基本一致,这里不再赘述,读者可以自己尝试和练习。

2. 植被和地形

植被和地形资源库主要包含地形、树木、灌木、花草、草丛细节、岩石和其他材质,如图8-15所示。

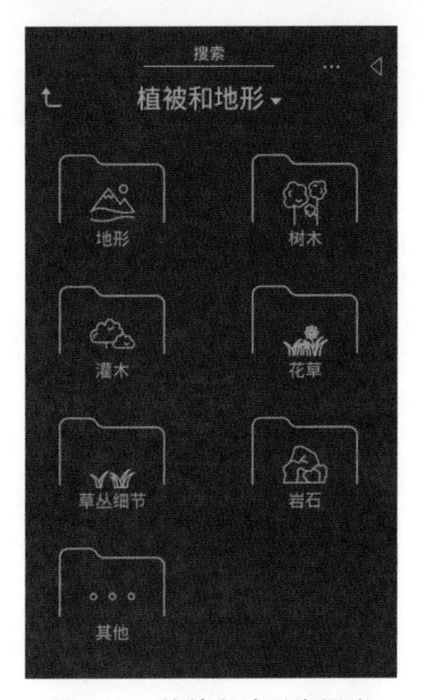

图 8-15 植被和地形资源库

【地形】在地形中有两种类型,即Flat和Rocky grasslands,如图8-16所示。选中图片将其拖动到视图区(即绘图区),可以将该地形加载到项目中,如图8-17所示。

图 8-16 地形类型

图 8-17 加载地形

【树木】打开树木材质库,选中某种树木,将其直接拖动到视图区相应的位置即可放置该树木,如图8-18所示。

放置好树木后,还可为该树木调整年龄、高度,开启或关闭增长效果,设置随季节自动变化,开启或关闭风特效。

图 8-18 放置树木

【灌木】放置灌木的方法与放置树木的相同，其调整参数包括尺寸、季节和风，如图 8-19 所示。

图 8-19 放置灌木

【花草】在放置花草时，可以对花草的尺寸、色调、干燥度、条纹和风功能进行设置，如图 8-20 所示，方法同上。

【草丛细节】主要用于对草丛细节的调整，以进行近景的更加真实的草丛细节表现。该功能的调整参数包括尺寸、色调、干燥度、条纹和风，调整方法同前。

【岩石】打开岩石面板，可直接拖动相应岩石类型，将其放置到场景中。

【其他】在其他物体中，包括一些枯树干、绿植、落叶等。放置方法也是直接将物体拖动到场景中。

图 8-20 放置花草

3. 物体

物体资源库主要包含室内、城市、原始几何体、贴标、粒子、水和声音，如图 8-21 所示。

【室内】室内物体包括了不同场景(如客厅、厨房、浴室、卧室、办公室等场所，如图 8-22 所示)使用的物体，如图 8-23 至图 8-25 所示，有椅子、沙发和装饰物。

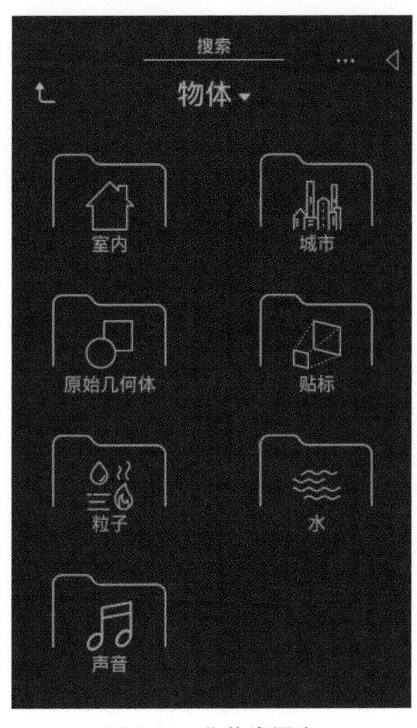

图 8-21 物体资源库

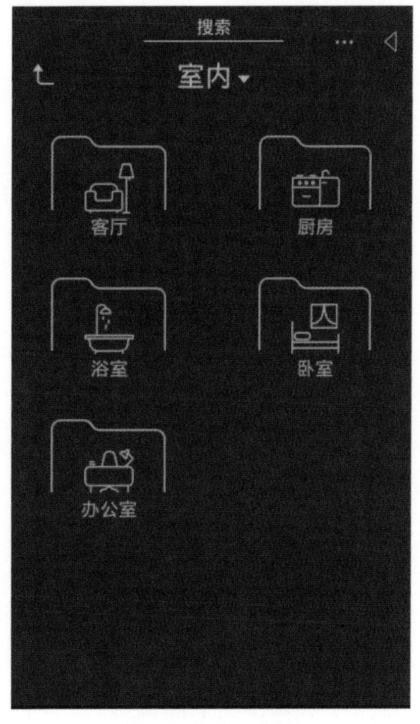

图 8-22 室内面板

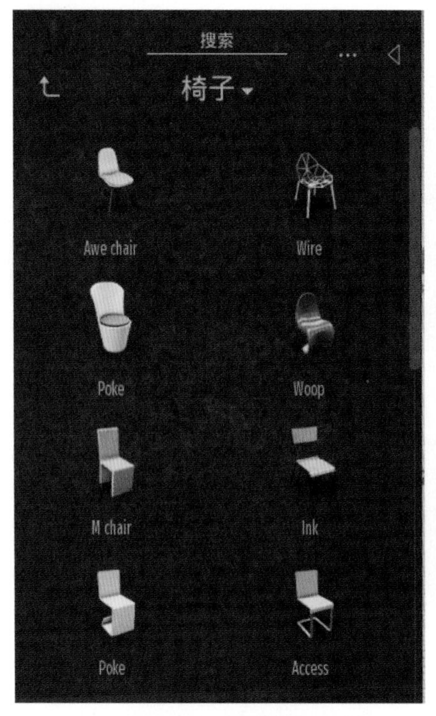

图 8-23 椅子面板

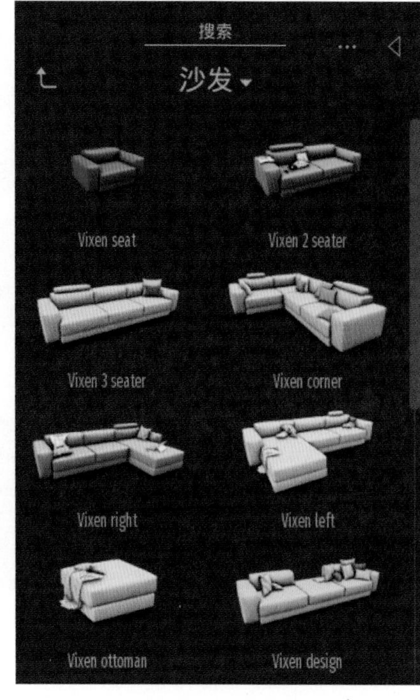

图 8-24 沙发面板

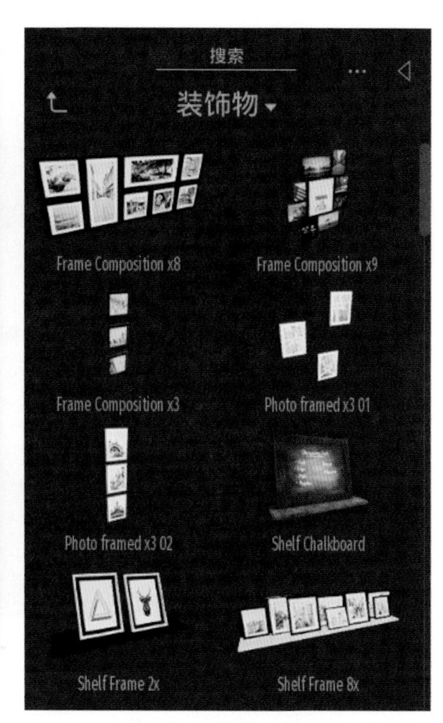

图 8-25 装饰物面板

【城市】在城市物体中，包括长椅（见图 8-26）、柱栏、喷泉、街道植物、垃圾桶、路标、路灯、广告牌、旗帜（见图 8-27）和施工类城市物体（见图 8-28）。

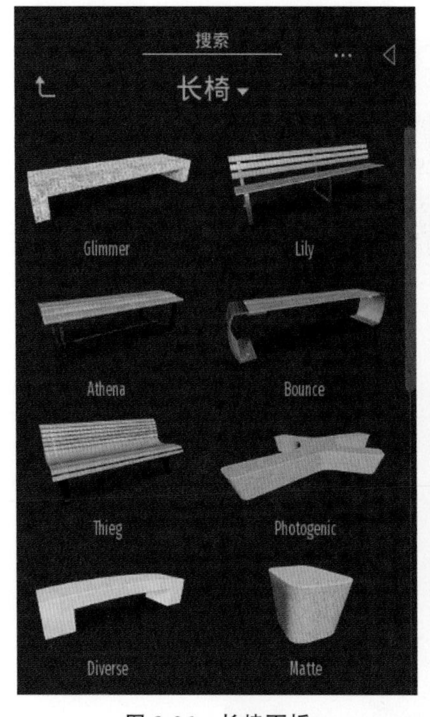

图 8-26 长椅面板

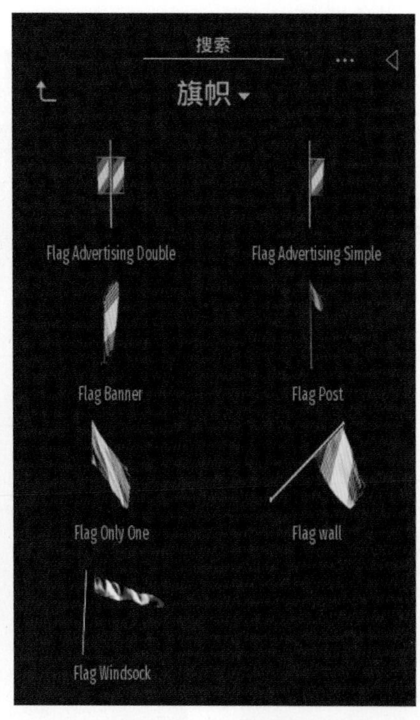

图 8-27 旗帜面板

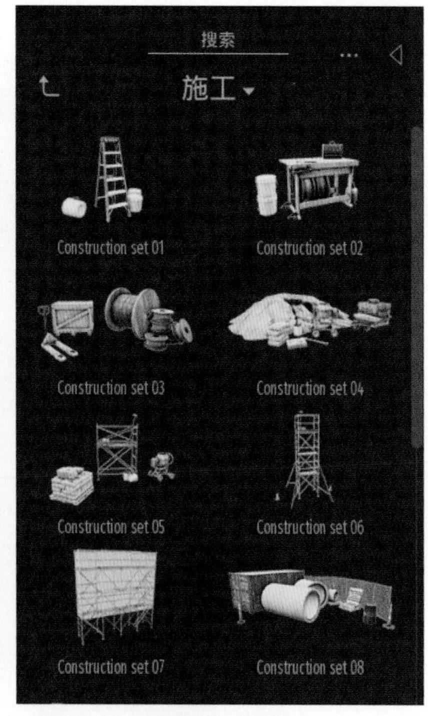

图 8-28 施工面板

【原始几何体】原始几何体中内置了平面、立方体、长方体、圆柱体、球体、锥体等几何物体，如图 8-29 所示。

【贴标】贴标中内置了斑马线、交通标线、交通标志、涂鸦等物体，如图 8-30 所示。可对相应的贴标更改纹理、尺寸，设置不透明度、偏移和叠加顺序。

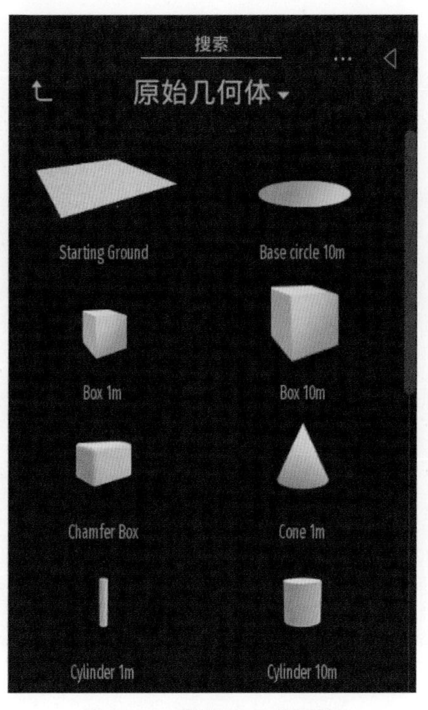

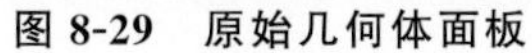
图 8-29　原始几何体面板

图 8-30　贴标面板

【粒子】粒子面板中主要包括各种火焰、烟雾、水柱、喷泉、花洒水等物体，如图 8-31 所示。

【水】“水”物体有长方体形状的水和圆柱状的水，如图 8-32 所示。

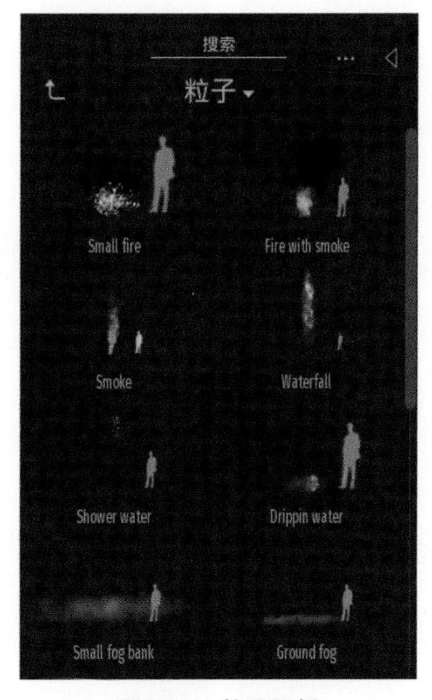

图 8-31　粒子面板

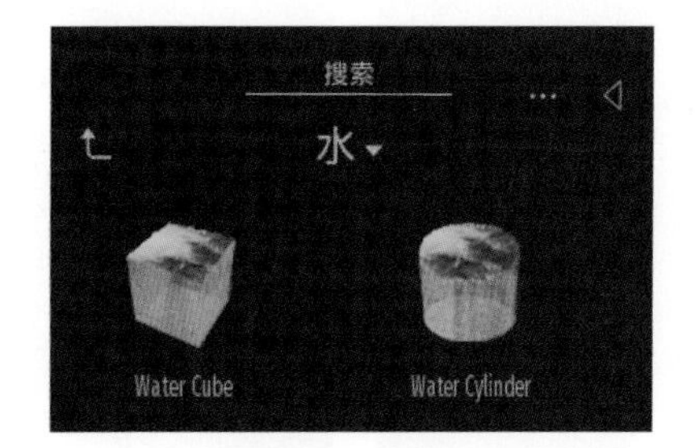

图 8-32　水面板

【声音】在“声音”中，包括人物、土地和城市类的各种声音，如图 8-33 所示。

4. 灯光

灯光资源库中包含各种类型的灯光，如筒灯、射灯、牛眼灯及其他各种灯带，如图 8-34 所示。

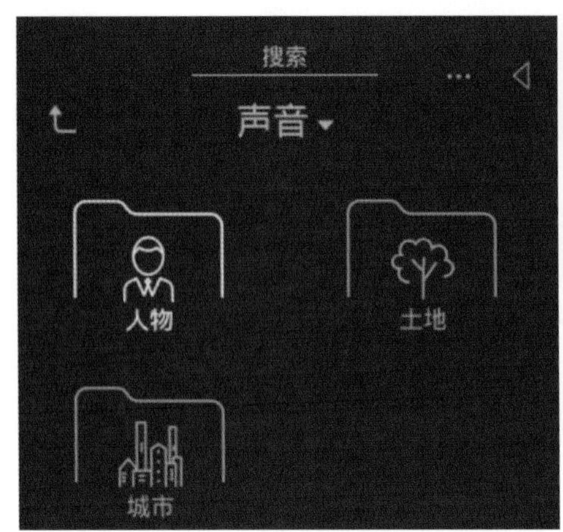

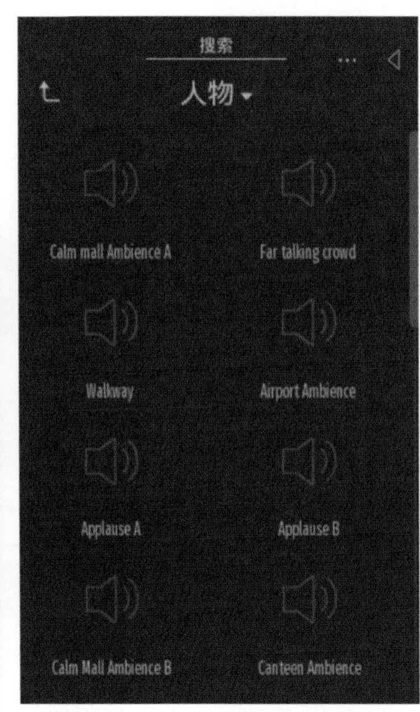

图 8-33　声音面板及人物面板

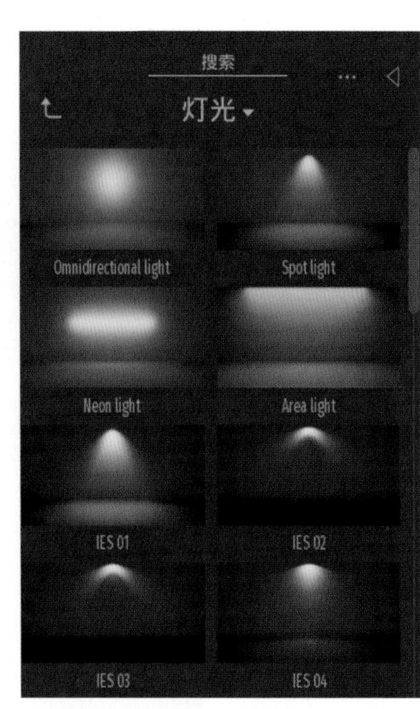

图 8-34　灯光面板

5. 人物

人物资源库中包含动态人物(见图 8-35)、人群、摆好姿势的人类、2D 人物(见图 8-36)和动物(见图 8-37)。

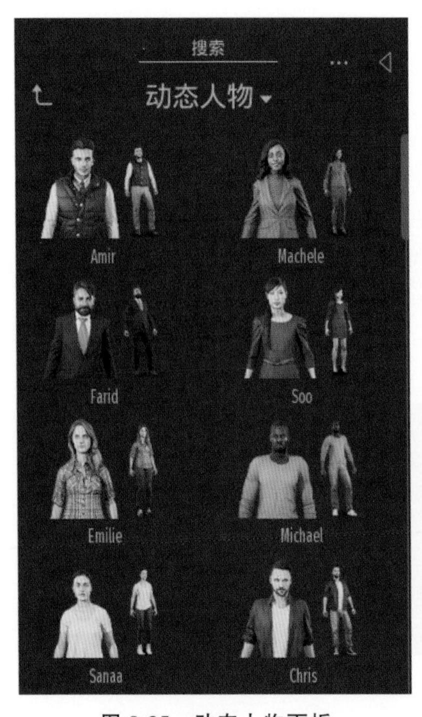

图 8-35　动态人物面板

图 8-36　2D 人物面板

图 8-37　动物面板

6. 车辆

车辆资源库中包含轿车(见图 8-38)、公交车、船只、飞机、两轮车(见图 8-39)和其他车辆物体(见图 8-40)。

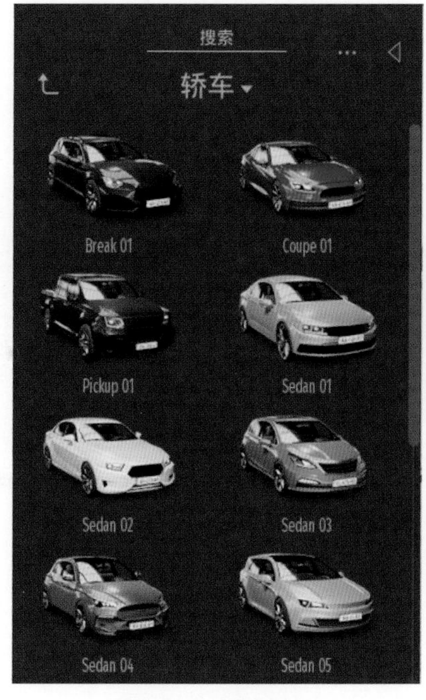

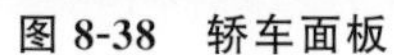
图 8-38　轿车面板

图 8-39　两轮车面板

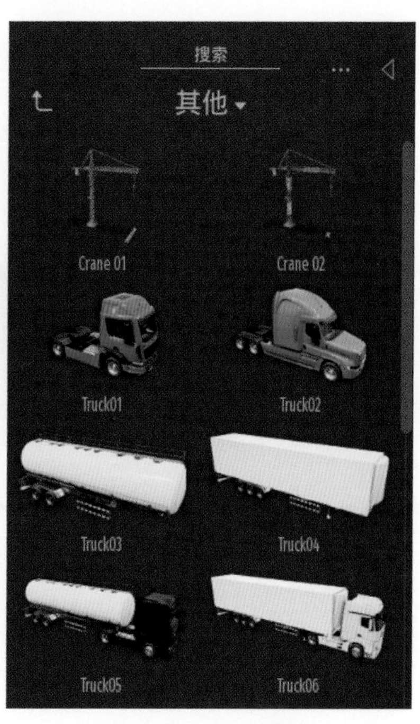

图 8-40　其他面板

7. 工具

工具资源库中包含截面、反射探头、备注和测量，如图 8-41 所示。

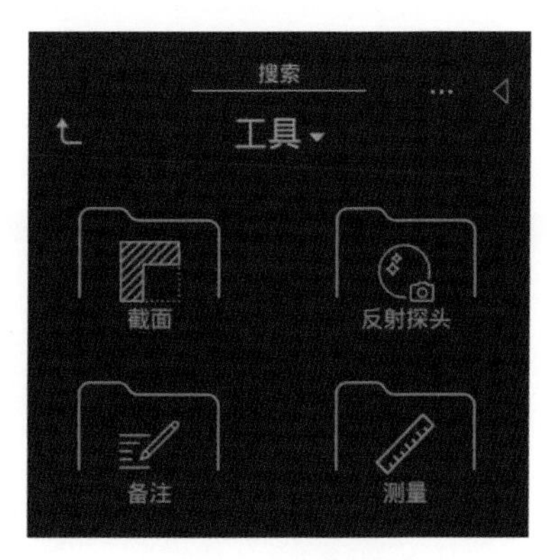

图 8-41　工具面板

任务 3　加载环境

点击软件左下角的 图标，Twinmotion 2020 将启动加载环境工具箱。它包括路径、粉刷植被、散布植被和城市四个选项卡，如图 8-42 所示。

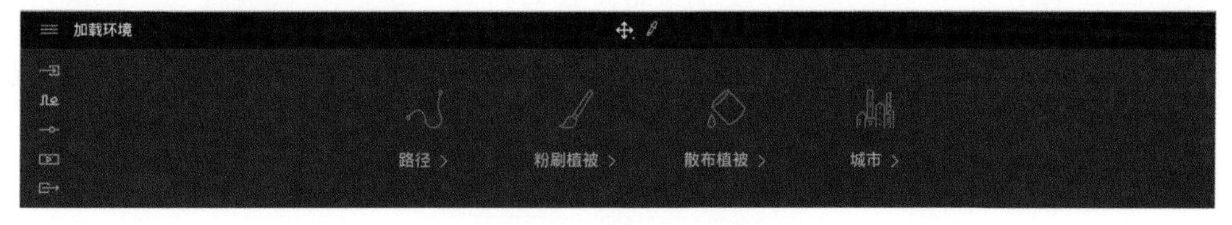

图 8-42　加载环境工具箱

1. 路径

点击 路径 图标，会展开各种路径工具面板，包括行人路径、车辆路径、自行车路径和自定义路径，如图 8-43 所示。

图 8-43　路径选项卡

行人路径：可以在此为场景中已经放置的人物添加路径。

车辆路径：可以在此为场景中已经放置的车辆添加路径。

自行车路径：可以在此为场景中已经放置的自行车添加路径。

自定义路径：可以自定义路径方案，适用于场景中的行人、车辆和自行车等运动物体。

2. 粉刷植被

点击 粉刷植被 图标，展开粉刷植被选项卡，如图 8-44 所示。在软件左侧会打开一个粉刷植被的搜索栏。在此，可将树木拖拽到项目中（方法：鼠标左键选中树木不放，将其拖动到视图中相应的位置后，松开鼠标）。

图 8-44　粉刷植被选项卡

当某个树木被拖拽到项目后，可以为该树木设置年龄、高度、增长、季节，添加风特效，如图 8-45 所示。

图 8-45　粉刷植被设置面板

点击 [icon] 图标，可以退出当前操作到加载环境层级。

3. 散布植被

点击 [散布植被 icon] 图标，可展开散布植被选项卡，如图 8-46 所示。可以在图 8-47 所示的搜索栏中选择资源库、植被和地形、花草几个选项。

图 8-46　散布植被选项卡

图 8-47　散布植被搜索栏

将散布植被拖拽到项目中后，可为这些散布植被设置尺寸、色调、干燥度、条纹，添加风特效，如图 8-48 所示。

图 8-48 散布植被设置面板

尺寸:可以拖动滑块以更改花草的尺寸,也可以直接输入尺寸值。

色调:更改花草的色调,如暖色调、冷色调等。

风:可为花草等物体添加风特效,以便模拟风吹过,花草摆动的形态。

4. 城市

点击 城市 图标,可为项目更改城市地图,如图 8-49 所示。结合使用鼠标左键和中键可以移动和缩放地图,从而为项目设置任意位置的城市地图。

图 8-49 城市选项卡

生成:当城市地图加载完成后,点击"生成",可生成指定地点的城市模型。

任务 4 设置

点击 图标,软件将打开设置工具箱。在此可以为项目设置位置、天气、光照和摄像头,如图 8-50 所示。

图 8-50　设置工具箱

【位置】点击 图标，可以为项目进一步设置位置，并可调整其当日时间、月份、正北方向，更换项目的背景图片，如图 8-51 所示。

拖动滑块或者直接输入数值可调整项目的当日时间、月份、正北方向。

图 8-51　位置选项卡

点击“背景图片”，可展开背景图片，如图 8-52 所示，可以为项目更换远景的图片方案。

图 8-52　展开的背景图片

【天气】点击 图标，可以展开天气选项卡，如图 8-53 所示。

图 8-53　天气选项卡

天气:可以直接拖动滑块在晴雨之间切换场景的天气。

季节:可以在春、夏、秋、冬之间切换场景季节变化。

视觉效果:点击“视觉效果”,为项目进一步设置风速、风向、污染度、粒子和海洋系统,如图 8-54 所示。既可以直接拖动滑块进行设置,也可以输入数值来调整这些参数。

图 8-54 视觉效果面板

点击“海洋”,可以启用海洋环境,如图 8-55 所示。点击“种类”,可以为海洋设置不同的方案,如图 8-56 所示。

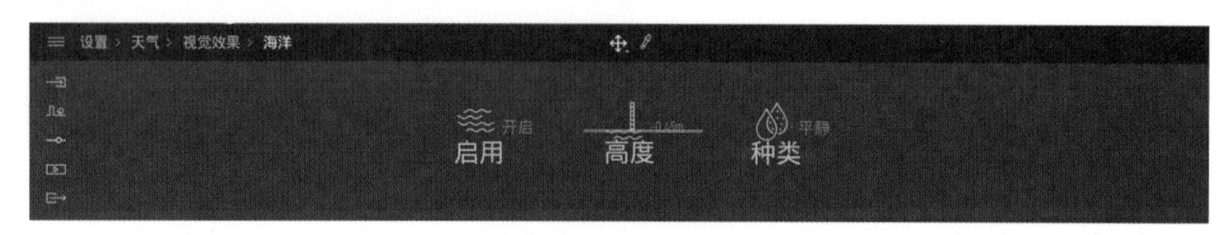

图 8-55 海洋面板

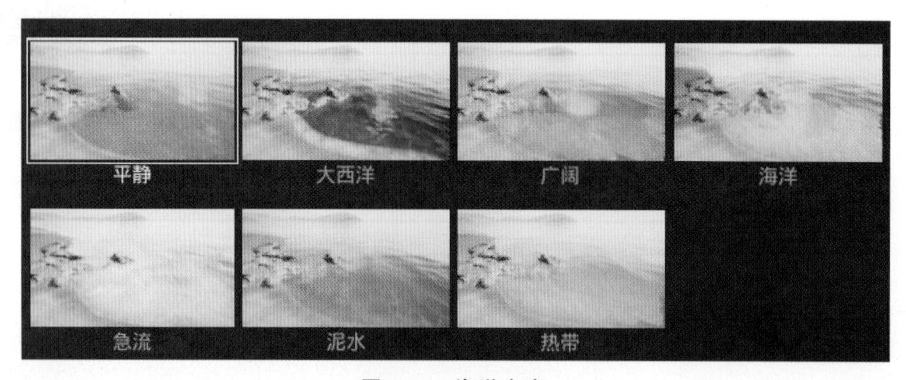

图 8-56 海洋方案

【光照】点击 图标,展开光照选项卡,在此可以直接拖动滑块或者输入数值来调整光照效果,如图 8-57 所示。

图 8-57 光照选项卡

光照选项卡中有自动曝光、白平衡、全局光、阴影和设置等参数。

在光照选项卡的设置面板中,可以为环境设置日光反射、星强度和环境光,如图 8-58 所示。

【摄像头】点击 图标,可展开摄像头选项卡,如图 8-59 所示。

图 8-58　光照选项卡中的设置面板

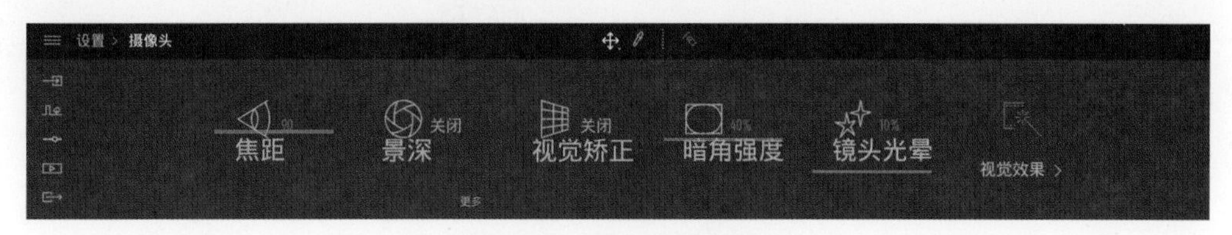

图 8-59　摄像头选项卡

这里有焦距、景深、视觉矫正、暗角强度、镜头光晕、视觉效果等参数，可进行设置。

任务5　媒体

点击图标，打开媒体工具箱，它包含图片、全景图片、动画和演示者几个选项卡，如图 8-60 所示。

图 8-60　媒体工具箱

【图片】点击图标，展开图片选项卡，如图 8-61 所示。单击里面的创建图标，可以将当前场景创建为一张效果图。

图 8-61　图片选项卡

【全景图片】点击 全景图片 图标，可以打开全景图片选项卡，如图 8-62 所示。单击创建全景图图标，可以为项目当前视图创建一张全景图。

图 8-62　全景图片选项卡

【动画】点击 动画 图标，展开动画选项卡，如图 8-63 所示。在此可以通过添加关键帧的方式来自动生成动画剪辑。

图 8-63　动画选项卡

【演示者】点击 演示者 图标，可展开演示者选项卡，在此可以创建演示者，如图 8-64 所示。

图 8-64　演示者选项卡

任务 6　导出

单击 图标进入导出工具箱，可以选择导出为图片、全景图片、动画和演示者，如图 8-65 所示。

图 8-65 导出工具箱

任务 7 视觉效果

单击视频右上角的 图标，可打开对软件整体视觉样式的调整面板。在此可以对时间、速度、移动模式、位置视图、截面及 VR 进行设置。

1. 时间

在时间面板中，可以直接拖动滑块来调整时间，也可以直接输入时间数值来设置准确的时间，如图 8-66 所示。

2. 速度

在速度面板中可以设置鼠标移动画面的速度大小，分别为汽车模式、自行车模式和行走模式，如图 8-67 所示。

3. 移动模式

在移动模式面板中可以设置镜头移动等，如图 8-68 所示。

4. 位置视图

在位置视图面板中可以设置三维视图、顶视图、侧视图等不同投影视图角度，如图 8-69 所示。

5. 截面

在截面面板中可以为创建的截面设置截面高度，如图 8-70 所示。

6. VR

在 VR 面板中，可以连接 VR 设备，让用户直接体验虚拟现实感受，如图 8-71 所示。

图 8-66 时间面板

图 8-67 速度面板

图 8-68 移动模式面板

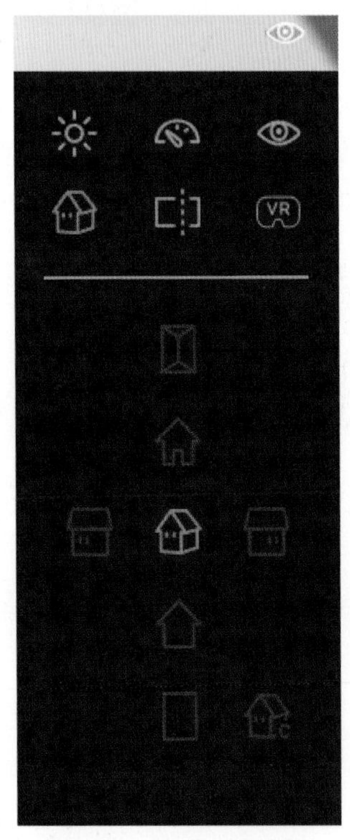

图 8-69 位置视图面板

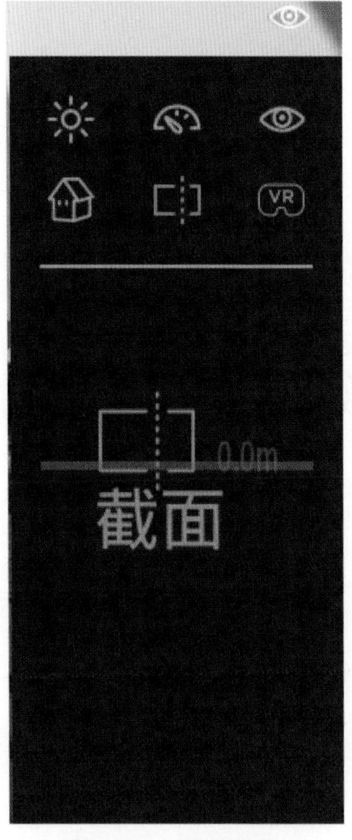

图 8-70 截面面板

图 8-71 VR 面板

项目 9 Twinmotion 2020案例

案例 1 体育馆项目虚拟现实表现

1. 案例背景

甘肃省残疾人综合服务基地文化体育康复训练馆建设项目(以下简称体育馆项目,如图 9-1 所示)位于甘肃省兰州市新区。省残疾人综合服务基地的配套工程,主要供残疾人康复训练而展开的游泳训练、球类运动、健身、音乐、舞蹈排练等活动使用。总体建筑视觉效果设计为运动员蝶泳舒臂出水姿势,屋盖模仿蝶泳双臂呈异性形态向两方舒展。

该项目建筑设计使用年限为 50 年,建筑物耐火等级一级,地上二层,地下一层,总建筑面积约 8500 m^2。采用钢筋混凝土框架结构及 42 m 大跨度空间管桁架组合结构,建筑高度为 17.7 m,柱网开间为 11.5 m。主体结构、管桁架、网架和幕墙饰面的构件错综复杂,且各主要组成构件均呈多角度布置。

本工程是集钢筋混凝土、钢结构安装、弧形屋面、幕墙装饰、装饰装修、机电安装多专业融合的异形曲面公共建筑,兼具综合专业和复杂外观的双重特性。借助 BIM 技术,施工人员可以在整个项目实施过程中使用协调一致的信息,更准确地查看并模拟项目在施工阶段中的进度、外观和成本,创建出更精确的施工分解图纸。通过 BIM 模型揣摩建筑师的创作意图,提前规划室内装饰装修,整体展现建筑物现代艺术风格。

本书将以该项目为例,介绍利用 Twinmotion 2020 软件对部分场景所做的虚拟现实表现。

图 9-1 甘肃省残疾人综合服务基地文化体育康复训练馆项目鸟瞰效果图

2. 模型导入

首先将体育馆项目的 Revit 模型以及其他构件、家具、设备模型转为 FBX 格式的文件。然后打开 Twinmotion 2020 软件，导入这些模型文件，如图 9-2 所示。

图 9-2　导入模型

温馨提示：(1)建模质量直接影响到后期效果的表现，所以在利用软件创建模型时必须要对图纸、工艺、施工有深入的理解和把握，只有这样，才可创建出符合表现要求和后期 BIM 技术应用的合格的模型。由于建模不属于本书讨论的范畴，故不再赘述。

(2)利用 Twinmotion 软件主要是为了渲染模型的外观效果和与其相关的效果图和动画，所以导入软件的模型可以是由 Revit 创建的信息模型，也可以是由其他软件创建的数字模型，如 3ds Max、SketchUp 等三维建模软件所创建的能够导出为 FBX 等 Twinmotion 软件能识别的格式的各种模型。

3. 材质表现

本项目选取的材质种类非常多，限于篇幅，本书只选取项目中主要材质的设置和表现进行介绍。由于每个人对色彩、造型、材质的理解不同，所以这里的设置仅供大家参考。

1) 门头材质

大厅的接待室门头，颜色 RGB 值设置为 111、166、244，反射率为 69%，尺寸为 1.00，金属度为 91%，其他参数设置为零或者选择默认数值，如图 9-3 所示。

图 9-3　门头材质设置

2) 大厅地面材质

大厅地面材质的颜色 RGB 值设置为 131、130、128，反射率 10%，尺寸 1.00，其他参数设置为零或者选择默认数值，如图 9-4 所示。

图 9-4　大厅地面材质设置

3）墙面马赛克材质

大厅卫生间的墙面采用马赛克材质，其颜色 RGB 值设置为 255、203、227，反射率 0%，尺寸 0.60，凹凸贴图 50%，金属度 73%，其他参数设置为零或者选择默认数值，如图 9-5 所示。

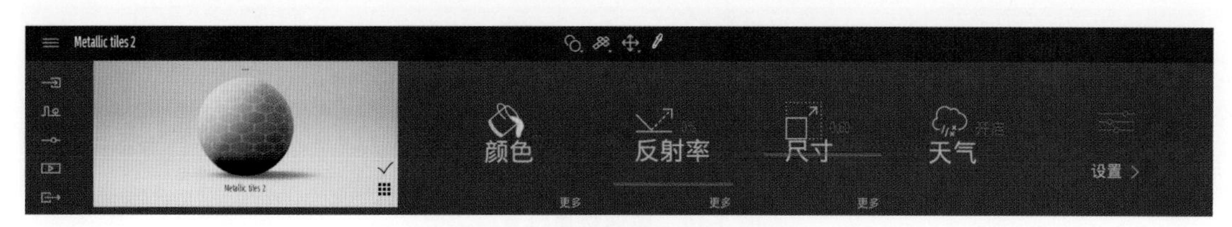

图 9-5　墙面马赛克材质设置

4）光面金属材质

项目中的栏杆扶手等金属物体材质，其颜色 RGB 值设置为 244、244、244，反射率 90%，尺寸 1.00，金属度 100%，其他参数设置为零或者选择默认数值，如图 9-6 所示。

图 9-6　光面金属材质设置

5）装饰金属板

将装饰金属板的颜色 RGB 值设置为 247、247、247，反射率 0%，尺寸 0.20，金属度 100%，其他参数设置为零或者选择默认数值，如图 9-7 所示。

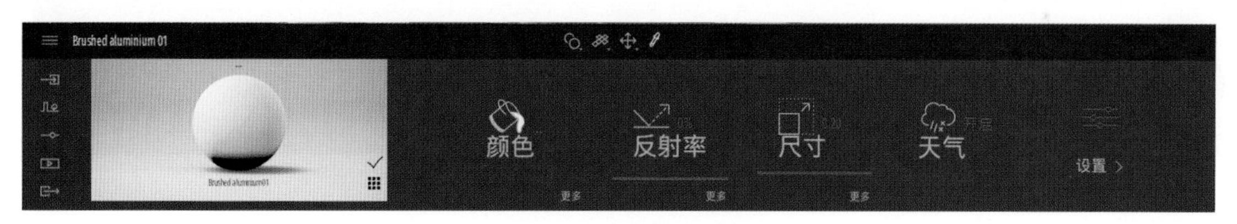

图 9-7　装饰金属板设置

6）装饰画材质

大厅墙面上的人物造型的贴图，其颜色 RGB 值设置为 255、255、255，选择五彩贴图纹理，其他参数设置为零或者选择默认数值，如图 9-8 所示。

图 9-8　五彩贴图材质设置

7）绿植材质

健身房墙面的绿植材质，其颜色 RGB 值设置为 244、244、244，选择绿植贴图纹理，尺寸 2.00，凹凸贴图 85%，其他参数设置为零或者选择默认数值，如图 9-9 所示。

图 9-9　绿植材质设置

8）玻璃材质

项目的各种玻璃材质，其颜色 RGB 值设置为 81、161、255，不透明度 10%，金属度 100%，其他参数设置为零或者选择默认数值，如图 9-10 所示。

图 9-10　玻璃材质设置

9）木地板材质

篮球馆地面的木地板材质，其颜色 RGB 值设置为 242、216、165，反射率 70%，尺寸 6.28，凹凸贴图 15%，其他参数设置为零或者选择默认数值，如图 9-11 所示。

图 9-11　木地板材质设置

10）塑胶地板

篮球馆的塑胶地板材质，其颜色 RGB 值设置为 53、151、244，反射率 69%，尺寸 4.65，凹凸贴图 100%，其他参数设置为零或者选择默认数值，如图 9-12 所示。

图 9-12　塑胶地板材质设置

11）塑胶跑道

篮球场二楼跑道，其颜色 RGB 值设置为 120、120、120，尺寸 1.00，其他参数设置为零或者选择默认数值，如图 9-13 所示。

图 9-13　塑胶跑道设置

12）壁布材质

一些贴壁布的材质，其颜色 RGB 值设置为 255、255、255，尺寸 1.28，凹凸贴图 100%，其他参数设置为零或者选择默认数值。

13）地毯材质

一些铺地毯的地面材质，其颜色 RGB 值设置为 221、212、200，尺寸 0.10，凹凸贴图 100%，其他参数设置为零或者选择默认数值，如图 9-14 所示。

图 9-14　地毯材质设置

14）绒布材质

台球桌的绒布材质，其颜色 RGB 值设置为 130、219、104，尺寸 0.01，凹凸贴图 100%，其他参数设置为零或者选择默认数值，如图 9-15 所示。

图 9-15　绒布材质设置

15）木材质

台球桌等物体的木质桌体，其颜色 RGB 值设置为 142、103、70，反射率 62%，尺寸 0.67，凹凸贴图 30%，其他参数设置为零或者选择默认数值，如图 9-16 所示。在这里可以对贴图进行更换。

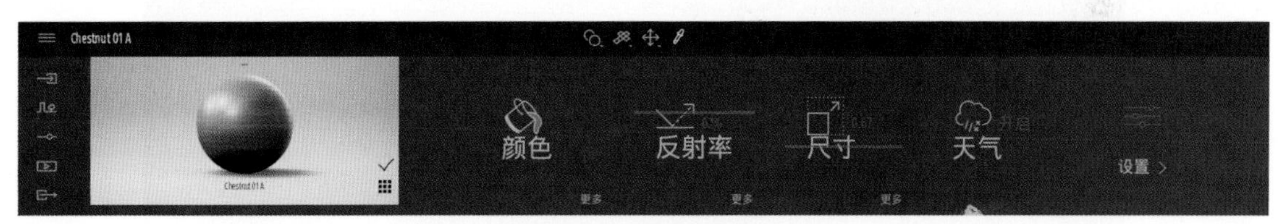

图 9-16　木材质设置

16）发光体材质

大厅的英文字母发光体材质，其颜色 RGB 值设置为 255、178、66，尺寸 100.00，发光 0.02%，凹凸贴图 30%，其他参数设置为零或者选择默认数值，如图 9-17 所示。

图 9-17　发光体材质设置

读者可以根据生活中对材质的理解自己把握调试其余材质，在此不再一一列举。

4. 创建图片

打开图片面板，在这里可以调整视图的位置和角度。点击创建图片图标，即可创建一张效果图，例如图 9-18 和图 9-19 所示。若需要调整视角，可重新调整位置后刷新该视角，即可更新该效果图。

图 9-18　大厅效果图捕捉

图 9-19　篮球馆效果图捕捉

5. 创建全景图

打开全景图片面板，在这里可以调整视图的位置和角度。点击创建全景图图标 ，即可创建一张全景图，如图 9-20 所示。

图 9-20　创建全景图

点击软件左下角的 图标，切换到导出面板，点击“开始导出”图标 ，即可将创建好的全景图导出为图片格式。大厅、健身房、音乐训练室、形体训练室、游泳馆、接待厅、篮球馆以及台球室和乒乓球室的全景图，如图 9-21 至图 9-28 所示。

图 9-21　大厅全景图

图 9-22　健身房全景图

图 9-23　音乐训练室全景图

图 9-24　形体训练室全景图

图 9-25　游泳馆全景图

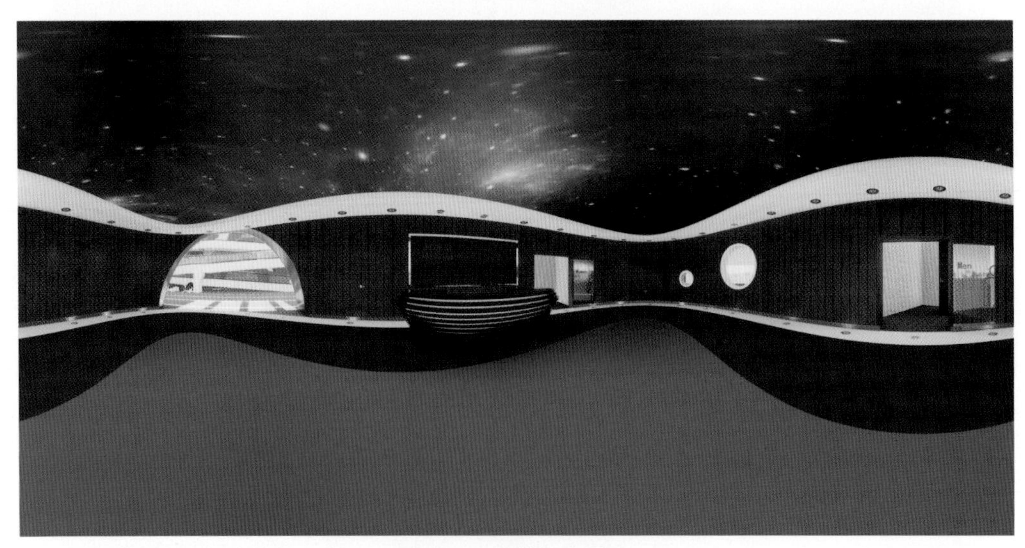

图 9-26　接待厅全景图

图 9-27　篮球馆全景图

图 9-28　台球室和乒乓球室全景图

将已创建好的全景图用专业软件生成可以在网页端、移动端旋转查看的全景效果，并能生成二维码（见图 9-29），便于用户扫描查看效果。

图 9-29　本项目室内装饰 BIM 设计全景图

6. 创建动画

点击左下角的图标进入媒体面板，单击动画按钮，进入创建动画面板。点击“创建动画”图标后，再依次捕捉关键帧可生成动画。本项目创建的大厅、台球室和乒乓球室、篮球馆、游泳馆、健身房动画如图 9-30 至图 9-34 所示。

图 9-30 创建大厅动画

图 9-31 创建台球室和乒乓球室动画

图 9-32 创建篮球馆动画

图 9-33　创建游泳馆动画

图 9-34　创建健身房动画

7. 导出

点击软件左下角的 [图标] 图标，切换到导出面板。点击“开始导出”图标 开始导出 即可将创建好的图片、全景图片、动画等文件导出，如图 9-35 至图 9-37 所示。

根据渲染的图片、全景图和视频数量的多少、像素的大小不同，渲染时间需要几分钟到数十分钟不等。

图 9-35　导出图片截图

图 9-36　导出全景图截图

图 9-37　导出动画截图

案例 2　麦积山石窟及瑞应寺项目虚拟现实表现

1. 案例背景

案例背景参考项目 6 的相关内容。

2. 模型导入

首先将麦积山石窟及地形模型导入 Twinmotion 中，再将瑞应寺模型导入 Twinmotion 中，并定位好坐标位置，如图 9-38 所示。该模型可以是 FBX 等格式文件。

图 9-38　将模型导入 Twinmotion 软件中

3. 材质设置

1）中国红墙面

颜色 RGB 值为 120，45，15；反射率为 0；尺寸为 1；其余参数采用默认值。（见图 9-39）

图 9-39　中国红墙面设置

2）中国红木材

颜色 RGB 值为 252，115，93；反射率为 47%；尺寸为 465；其余参数采用默认值。（见图 9-40）

图 9-40　中国红木材设置

3）青砖

选择一个青砖贴图赋予物体，其余参数根据情况调整即可，如图 9-41 所示。

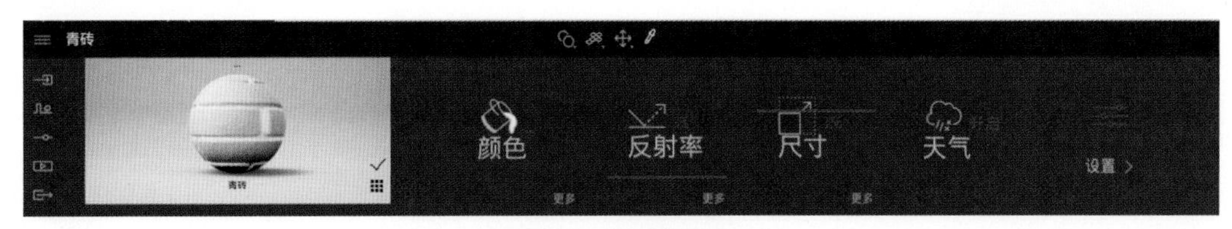

图 9-41　青砖设置

4)室内砖

选择一个与实际项目一致的贴图赋予物体即可,其余参数如图 9-42 所示。

图 9-42　室内砖设置

5)牌匾

选择一个贴图纹理赋予材质,同时调整贴图的尺寸、坐标方向、位置等,其余牌匾材质赋予方法一致。(见图 9-43)

图 9-43　牌匾设置

其余材质可参考如上材质进行设置,不再赘述。

4. 植物

植物主要包括乔木、灌木、草丛等,可根据项目图片进行添加,如图 9-44 所示。

图 9-44　植物设置

5. 最终渲染的效果图

最终渲染的效果图，如图 9-45 和图 9-46 所示。

图 9-45　寺外效果图

图 9-46　寺内效果图

参考文献

1. 蔡兰峰. BIM 技术应用基础[M]. 武汉:武汉大学出版社,2018.
2. 陈秋晓,徐丹,陶一超,闵锐,葛丹东. SketchUp&Lumion 辅助城市规划设计[M]. 杭州:浙江大学出版社,2016.
3. 我知教育. Revit+Lumion 中文版从入门到精通(建筑设计与表现)[M]. 北京:清华大学出版社,2019.
4. 张毅,陈新生. 景观设计表现与电脑技法[M]. 北京:化学出版社,2015.
5. [法] 布鲁诺·阿纳迪,帕斯卡·吉顿,纪尧姆·莫罗. 虚拟现实与增强现实:神话与现实[M]. 侯文军,蒋之阳,等,译. 北京:机械工业出版社,2020.
6. [奥] 迪特尔·施马尔斯蒂格,[美]托比亚斯·霍勒尔. 增强现实:原理与实践[M]. 刘越,译. 北京:机械工业出版社,2020.